極簡創業家

找出新創極簡之道

薩希爾・拉文賈
（Sahil Lavingia）

目錄

序言

我的職業生涯是從追逐獨角獸企業開始的。[1] 起初我加入了Pinterest，是他們的第二號員工，不過我在員工認股權尚未生效的二〇一一年便離職，轉而去打造我自己的獨角獸。

我花了一個週末建立Gumroad的原型，它是一項協助創作者在線上銷售商品的工具——不必做複雜的設定，沒有精緻的商店界面，只是一個給顧客用來付款的網址，讓你可以即時開店賣東西。Gumroad上線的第一天就有超過五萬人造訪，使我確定自己正處於某種大事的轉捩點。

我的第一步：向創投募資。身為十九歲的孤鳥創業者，我發現自己在傳說中的沙山路（Sand Hill Road）來回奔走，[2] 牛仔褲沾滿汗水，而我開會時使用的會議室，與網

1 譯注：獨角獸企業是指成立不到十年但估值十億美元（$1 billion）以上，又未在股票市場上市的科技創業公司。

2 譯注：沙山路是加州矽谷西部的一條主幹道，途中匯集上百家知名創投公司，使得該道路成為創投業的代名詞。

Sahil @shl · Apr 2, 2011
剛剛想到能建立我第一家獨角獸企業的點子。明天我就要開始打造它。
30
99
668

飛（NetFlix）、蘋果（Apple）、亞馬遜（Amazon）、臉書（Facebook）、谷歌（Google）當年爭取募資時的處所如出一轍。最終，我從矽谷知名創投業者募集到超過八百萬美元，出資者包括Accel Partners（臉書的早期投資者）、凱鵬華盈（Kleiner Perkins，谷歌、亞馬遜、蘋果的早期投資者）、馬克斯・樂夫勤（Max Levchin，PayPal的共同創辦人）、納瓦爾・拉維肯（Naval Ravikant，創投資金募集平台AngelList的共同創辦人），以及克里斯・薩卡（Chris Sacca，推特〔Twitter〕、優步〔Uber〕、Square的早期投資者）。他們與我一樣，都認為自己看到獨角獸正從遠處奔騰而來。

追逐獨角獸的行動由此展開。我從Stripe、Yelp、亞馬遜等公司挖來高手，在短時間內建立了一支頂級團隊，攜手打造一流產品。當時我信心滿滿，認為自己很快會在艾倫公司（Allen & Company）每年舉辦的太陽谷研討會（Sun Valley Conference）風光亮相，[3] 與比爾・蓋茲（Bill Gates）和華倫・巴菲特（Warren Buffett）親暱暢談，為對抗瘧疾制定戰略。我告訴自己，我創業從來不是為了賺錢；我想要帶來正面影響，用不著大鳴大放。當我成為科技界的巨擘，雜誌會用「接地氣」來描述我。

我沒能在那個夏天造訪太陽谷，之後也做不到；我最接近比爾・蓋茲的一刻，是我在Kleiner Perkins舉辦的執行長論壇看他演講。在Gumroad燒掉大約一千萬美元創投資金後，公司原本優異的成長趨勢也轉為平緩。我們花了九個月試圖再度募資卻失敗，導致我在二〇一五年十月決定資遣四分之三的員工，其中包括許多好朋友。

入不敷出的狀況緩解後，便是重新評估的時刻。Gumroad仍能營運如常，但我自覺是個徹頭徹尾的輸家。我的交流圈內依然有許多人士忙著募集資金、招募人才與追逐各自的獨角獸（有些人也成功了），可是我已無法忍受繼續待在矽谷。二〇一六年，雖然我沒有退租舊金山的公寓，但我大多數時間都在旅行或寫小說，說服自己就算沒能在創業樂土嶄露頭角，至少能過著數位遊牧民（digital nomad）的生活。[4]

在我受到提摩西・費里斯（Tim Ferriss）的著作《一週工作四小時》（*The 4-Hour Workweek*）[5]啟發後，我很快便明白，把營運Gumroad視作生活方式型事業（lifestyle business）並不適合我。[6]當我還在思索下一步該怎麼走時，我看到我最喜歡的作家之一布蘭登・山德森（Brandon Sanderson）發了一則推文，內容與他在猶他州普若佛市（Provo）開辦的科幻與奇幻小說寫作課程有關。於是我迅速把握這個機會，既是為了節省房租，也是為了可以搬去沒人認識我的地方保全面子。在那裡，我可以好好思考如何重整態勢，同時維持Gumroad不倒閉。

我已預期事情在普若佛會很不同，但差異之大仍讓我驚訝。在舊金山，成功代表你賺大錢（以舊金山的標準，得要一大筆錢）；可是在普若佛，成功代表你有家室、熱心參與教會活動。我在普若佛新結

---

3 譯注：艾倫公司是美國一家民營精品投資銀行，每年在愛達荷州太陽谷舉辦經貿研討會，出席者向來包括政、商、文化、慈善界之重量級人士。有媒體稱此研討會為「億萬富翁夏令營」。

4 譯注：數位遊牧民是由日立公司的前執行長牧本次雄在其一九九七年出版的同名著作中首次提出，是指透過電信（尤指網際網路）來工作、生活的方式，不必侷限固定地點，可將工作與旅行結合。

5 編注：《*The 4-Hour Workweek*》，Tim Ferriss，EBURY PRESS，2008。

6 譯注：生活方式型事業是指由創始人創立和營運的事業，其主要目的是維持特定的收入水平，提供創始人享受特定生活方式的經濟基礎。

交的朋友一聽說我試圖打造十億級企業，就說我腦袋有問題——Gumroad現在這樣還不夠好嗎？無論如何，我已經有一個可永續發展的事業，為一群我喜愛的顧客提供服務了，我還想奢求什麼？

起初，我實在不太理解他們想表達的意思，但在普若佛住了幾年，遠離那白熾狂熱的創投界原爆點之後，我開始產生共鳴。儘管當年我追逐的獨角獸，其實更像是一隻雪特蘭矮種馬（Shetland pony），但我的願景初衷已經實現。數以千計的創作者，使用Gumroad來打造他們的創意事業；在真實世界裡有活生生的人類，利用他們在線上販售的課程、電子書或軟體等商品獲取收益，藉此支付房租、為孩子存大學基金，或只是用來多買幾杯特濃拿鐵。

我逐漸瞭解到，問題不是出在Gumroad，而是出在我自己。我仍然一心想抓住難以捕獲的獨角獸，沒有正視我眼前始終欣欣向榮、蓬勃發展的事業。Gumroad有獲利，規模適合它所服務的市場，每一天都促成越來越多作家、軟體設計師、手創工匠等各類創客實現夢想。對某些創投業者來說，Gumroad或許是一樁不划算的投資，但它對所服務的客戶來說仍是一家很棒的公司。

在大規模資遣、改由我獨力營運之後，Gumroad每年仍然為我們的創作者帶來累計將近四千萬美元收入，而且完全沒有操作內容行銷或付費廣告，純粹只靠創作者口碑傳播。當我在二〇一九年重新致力於提昇公司的成長時，我不斷拒絕以前我會接受的事情，只專心於能為創作者增加價值的項目（亦即推出更好的產品）。這樣做的成效斐然：二〇二〇年，Gumroad為創作者帶來將近一億四千萬美元收入，比前一年提昇八十七%，而且過程中保持獲利。

像我這類的公司，可能沒機會登上知名雜誌的封面，或是觸動好萊塢名導拍攝傳記片，但它們可以帶來真實且正向的改變，為公司創辦人及其員工與顧客賦權（empower）。我現在知道這個道理了，但我也是花費許多年工夫，才有辦法把我的自我價值與資產總值做切離，藉此明白我並沒有失敗，其實我已經成功了。

二〇一九年二月，我在Medium寫作平台發了一篇題為〈反思我在打造十億級企業時的失敗經歷〉（Reflecting on My Failure to Build a Billion-Dollar Company）的文章，該文引發廣大共鳴，讓我後來有機會與許多創業家交流，並且對那些心底其實更想打造如Gumroad這樣能永續經營的事業，而非追逐獨角獸的創業家帶來啟發。媒體渲染加上我們「越大越好」的文化，讓人盡是接受到「唯有獨角獸企業才是值得打造的企業」聲浪，使得那些創業家認為表達不同看法既怪異又不酷。

某些企業或許適合走上越大越好的道路，但對更多公司來說並非如此。可是，許多處於草創階段的新創公司仍去尋求創投注資，因為他們無法靠盈利為自家事業帶來永續的資金流，導致公司的發展路線被鎖死在越大越好、贏家全拿的方針——成長與否變成事業最重要的關鍵，營收、盈利和永續能力退居其次。

為了調解兩者之間的差異，我會不斷自問以下問題：我真心想要改變什麼事情？如果我能夠在自己處於世間的小角落改善一件事，會是什麼事？我真正想要打造、持有與營運的事業，是哪種類型？

其他現役創業家或即將創業者，都已經問過自己類似的問題，並獲得相近的領悟。本書將會收錄眾多他們的故事，我把這些人稱為「極簡創業家」（minimalist entrepreneurs），他們的公司則稱為「極簡事業」(minimalist business)。

打造極簡事業並不代表要你屈居次等，它反而是要創造一家這樣的公司：具備永續性，有彈性去承擔風險以創造更大福祉，同時還能賦權其他人做到一樣的事。能夠盈利(理想中在事業初期便要做到)，代表你可以自始至終都持續把心力放在你創辦事業的初衷：幫助他人。

以史為鑑，企業一向扮演驅動科技與社會進步的關鍵角色。這一點在現代更為重要了，因為如今大企業受到法律規範，必須把股東利益置於首位，即使未能創造實際上的最大價值也在所不惜。在為撰寫本書做研究時，我發現了數不清的企業案例——包括Basecamp、Wistia、密蘇里之星絎縫公司(Missouri Star Quilt Company)，以及眾多正派經營又極具規模化潛力的公司——全都致力於利用漂亮的產品、提供服務或設計軟體來解決有意義的問題，並且從中獲利。各家事業所奠基的社群不同，以致作法有所出入，但它們同樣都專注於解決問題，而且不妄自尊大。無論產業之間有多少差異，我們都能從這些經驗之中汲取教訓。

遺憾的是，「創業家」這個詞如今給人奇怪的聯想。我記得自己曾造訪某間學校舉辦的徵才博覽會，卻完全不認為自己跟那些「創業家」是同類人——他們更像是商人(businessmen)，總是男性，而且我根本不喜歡做事業，我喜歡的是創造東西！最後我終於明白，事業本身並不是最終目的，而是一項讓你能夠創造東西的工具，就只是一個合法組織。我一開始並不必開設公司，但我終究會需要一個合乎法規的組織、一支團隊、一套營運模式，好讓我能夠做我想做的事，所以我才開展一項事業。

當我的思維開始從「追逐獨角獸」轉型成「極簡創業家」之後，我也必須試著理解其他新常態。本書旨在：破解那些自找藉口的錯誤迷思；提供打造有影響力事業的最佳作法，藉此改變抽象而單一的「世界」；探尋如何打造能夠讓我們及所處社群更富裕、更健康與更幸福的事業。

到頭來，我在Gumroad上線後無法維持高速成長的失敗經歷，其實是我人生中最棒的一件事，因為它真真切切讓我學到「為了成長不惜一切」的心態將會帶來什麼後果。我不幸花費八年工夫又體驗諸多辛酸才有所領悟，希望這本書能夠幫助其他抱有大志的創業家少走冤枉路便汲取到教訓，不必痛下大規模資遣的決策或耗時多年深刻自省。

這本書半是宣言、半是行動指南，將能協助你設計與打造你自己的最適規模事業並順利成長。請反覆閱讀本書，當你自認「卡關」之時更請一讀再讀。但請你也記得，你並不需要讀完本書才創業。即刻行動，在你感覺準備好之前便開始行動，今天就行動。

你不是學完才做，而是先做，再學。

那麼，就讓我們開始吧！

1

極簡創業家

萬物皆源自於微小之處。

——西塞羅（Marcus Tullius Cicero）

維達麗雅洋蔥人

網路工程師彼得·亞斯楚（Peter Askew）在亞特蘭大市（Atlanta）從業，他喜歡幫忙身材沒那麼高大的人從超市的頂層貨架拿商品。亞斯楚身高二〇〇公分，曾是高中籃球校隊明星，他認為廣結善緣是他的商業策略關鍵，但世事並非總是如此。二〇〇一年，網路泡沫破滅，他被自己協助打造與茁壯的網頁瀏覽指南公司 eTour 資遣，當時他捫心自問：「這是我想要的生活嗎？這是我能為世界做出貢獻的方式嗎？」

基於擁有市場分析的背景，他知道自己不難找到新工作，但他也感覺夢想幻滅。財富與名聲對他的吸引力，還不如獨立與自由。最終，他在廣告界擔任新職務，在這個有成千上萬網路新事業上線的環境之中，接觸到各式各樣的商業模型。不過每當晚上和週末，他便全心投入於個人規劃，學習網站發展、網域（domain name）等知識，以及如何讓網站流量化為金錢。

改變他一生的構想，便是從中意外發想而出。如果他不去買全新的網域（通常得花好幾個月才能在搜尋引擎結果中排到好名次），而是買下既有、已經略具能見度的過期網域，會怎麼樣呢？其他人是轉賣過期網域或拿來放廣告，但亞斯楚另有想法——這源自於他對於工作的諸多自我提問。他並非只想賺點橫財，而是想要奠基於網域來打造真正的事業。他自問，「我有因此感到振奮嗎？」「這項生意真的做得起來嗎？」以及，最重要的：「我能幫到人嗎？」

他買下隨機取名的網域，做了幾次不怎麼成功的嘗試，後來才明白「網域先行，商業發想後至」

的道理。二〇〇九年，那個成功案例叫做duderanch.com。[1]亞斯楚買下該網域，把它做成導航網站形式，並親自拜訪名列其中、超過五十家觀光牧場的業主。最終，他與guestranches.com的老闆合作，兩人攜手打造出橫跨全美的精選觀光牧場名單。這項成功的冒險持續十年（他在二〇一九年賣出持有權），讓他有了閒暇與財富去購買更多網域，發展更多利基事業；有些成功，有些則否。

二〇一四年，亞斯楚發現VidaliaOnions.com網域正在標售。過去他一向聚焦於資訊型事業，但這個網址不知怎地就是讓他有感覺；老實說，跟洋蔥有關也是原因。他在喬治亞州土生土長，知道維達麗雅洋蔥（Vidalia onion）是口味溫和、偏甜的品種，有些饕客會把它當蘋果一般生吃。唯一的問題是，他完全不懂洋蔥產業；講得更全面點，他對農業一竅不通。

儘管如此，他還是以兩千兩百美元下標該網域，心想肯定會有業內人士出更高價。（如果你認為競標聽起來有趣的網域是個優良嗜好，那你可能是個極簡創業家。）五分鐘後，他收到得標通知，既意外又欣喜。不過他沒有立刻行動，僅是將之記在心上，繼續處理其他專案。

日子一天天過去，他的思緒總是時不時想起維達麗雅洋蔥。他在題為〈我在網路賣洋蔥〉（I Sell Onions on the Internet）的文章裡寫道：「這個網域一直讓我掛懷，一個月之後，我開始搞懂它想對我說什麼。我每年都會在Harry & David買洋梨，[2]我應該以類似的服務方式來賣維達麗雅洋蔥。人家是

1 譯注：duderanch直譯為觀光牧場。

2 譯注：Harry & David是美國的高級食品和禮品生產商和零售商。

產地直送的洋梨，我是產地直送的維達麗雅洋蔥。」他看出一個能幫到人的方式，嶄新的極簡事業由此而生。

亞斯楚自己不吃維達麗雅洋蔥，不過根據他的個人經驗，以及這個詞在Google搜尋趨勢（google trend）的高搜尋量，讓他知道許多人吃這種洋蔥。但他心中仍有疑慮，始終擔心：「我不是農夫，我欠缺物流或配送的體系。」

他終究還是著手執行了。第一步是聯絡商會，並結識艾萊士．海古德（Aries Haygood）；海古德務農二十多年，所經營的維達麗雅洋蔥農場曾獲殊榮且附設包裝廠。於是亞斯楚自掏腰包，在VidaliaOnions.com網域上架設新網站。他回想當初：「農場專心處理洋蔥，我則專心處理客戶服務、產品行銷、品牌形象、網站開發和物流。我做過的專案都沒這樣客戶導向、深入接觸第一線，我發現自己做得非常愉快。」

亞斯楚和海古德預估，雙方合作的第一季會有五十張訂單。結果他們收到超過六百張訂單。以創投注資企業的生命週期來說，這會是投資人開始歡騰的時刻。他們將興奮地呼喊：「預期五十張訂單，結果來了超過六百張？快招募五倍的人手！這麼一想，維達麗雅洋蔥的外銷市場狀況如何？砸幾百萬下廣告，再來一支瘋傳的爆紅短片，我們就會在全球掀起維達麗雅洋蔥熱潮。我們或許需要在倫敦、東京、雪梨配置駐點人員。該啟動新一輪募資了。」如此這般。你不妨想像小孩第一次吹氣球，越吹越大，直到……

亞斯楚自己不免也考慮過是否該嘗試加速公司的成長，但他決定堅守過往學到的經驗，專心提昇盈利能力。他知道VidaliaOnions.com前業主失敗的原因在於不只賣洋蔥，還兼賣沙拉醬和開胃菜，於是他緩步打造眼下的事業，致力摸索要如何在及時配送、費用合理的前提下，將維達麗雅洋蔥從那個唯一的包裝廠販售給潛在客戶市場。

他當然犯過錯誤。他曾經浪費幾千元買下不堪使用的貨箱，差點導致公司倒閉。但他每年也有小小的進展，例如導入自動化郵寄系統，不再需要人工輸入客戶訂單與列印托運標籤。幾年下來，這項事業帶來利潤，以獨有步調呈現有機增長，而且他也做得興致勃勃。

投入六年後，亞斯楚原本基於興趣而做的副業，已轉變為完備健全的事業，不只能為眾多客戶帶來喜悅，也對在地社區造成正面影響。他不再認為VidaliaOnions.com只是另一個隨手可棄的域名實驗，它已然成為他的使命：

> 老實說，如果我們一夕間消失，我的客戶將會非常煩惱。上一季我回電給一位顧客詢問訂單時，是他的太太接到電話。我開始自我介紹，但講到一半就被她打斷，她興高采烈對她先生大喊：「是維達麗雅洋蔥人！那個賣洋蔥的！快點接電話！」那一刻我頓悟到，我們真的做對事情了，有所助益、帶來正面影響力……這令人無比滿足，讓我覺得涉足這個產業真是太幸運了。

或許是洋蔥害的，不過亞斯楚的故事差點讓我落下幾滴眼淚——像這樣具備價值導向的使命，搭配以個人生活體驗驅動真誠目標的故事，自有其深刻之美。而這也正是極簡創業家的一切：有所貢獻，並且能以此維生。

成為極簡創業家

在我開始寫這本書之前，我不會自己說成是極簡創業家，而會說我是某種新創事業的創辦人，以盈利為重，成長次之；珍視正面影響力，不會急於快速行動、打破陳規。我不會只追求最大利益，而是決心為顧客與公眾創造最大價值。

我並非唯一有這種想法的人。在本書中，你會認識到許多以彼得·亞斯楚這種方法打造事業的創業家。過去幾年，我在推特和論壇上和他們交流意見，而與越多人聊過，我就越覺得應該要把這種全新方針——運用現有軟體，以民主化與普及化的方式開展事業——正式取名並推廣給所有人。

極簡創業家全都獨一無二，其成功的路徑各有不同，但我會盡力試著把我學到的事情歸納成可重複使用的單一指南。

成為極簡創業家的各項步驟，都可以對應到極簡事業的某種運作；不意外的是，也對應到本書的各個章節。每一章都奠基於前一章的內容，正如加法、乘法、代數運算、微積分的層層演進，到了本書結尾，你便能完整擁有擔任極簡創業家的能力。你可以依序閱讀本書，但也不妨跳著讀，畢竟每個人身處不同的事業開創階段。

- **盈利能力為先**

極簡創業家開創的事業無論如何都要能夠盈利。許多事業從未想過要長久做到能夠盈利，而是打算靠不斷募資來經營，在盈利成為生存所需之前就賣掉公司。極簡創業家從公司成立第一天或不久之後，便以盈利為目標，因為利潤有如事業存活必備的氧氣，而且他們是透過販售商品給客戶以達成盈利，而非把客戶資料賣給廣告商來賺錢。

- **從社群起家**

極簡創業家會以社群為基礎來開創事業。他們不會問「我能怎麼幫忙」，而會細心觀察並培養出可靠的互信關係。他們費時耗力去學習、建立信賴感，追求在市場層面上做到「產品與市場相契合」(product-market fit，這是由創投業者馬克．安德森〔Marc Andreessen〕提出的詞語，意思是某產品符合市場需求)，而且在達成此目標前不會打造任何東西。

- **做得越少越好**

當極簡創業家真正開始動工時，他們只做必要之務，並把其他事情自動化或發包出去。同理類推，極簡事業只做一件事，而且把它做好。極簡創業家會與客戶攜手並進，藉此迭代出解決方案，並確保它物超所值。在此之後，極簡創業家才會將它推廣至既有社群之外。

- **賣給前一百位客戶**

極簡創業家不會花時間說服群眾——他們會花時間教育群眾。銷售是一種探索的過程，極簡創業家把銷售當成是與潛在客戶一對一介紹產品的機會，同時也能精進自我、進一步了解他們想為客戶解決的那項問題。這種銷售方式著眼於長期，奠基於關係建立與脆弱性（vulnerability），而非單純找一天做個盛大開幕，然後賣給素未謀面的散客。

- **以「做自己」來行銷**

講到脆弱性，極簡創業家會分享他們奮發向上的故事。最棒的行銷是讓全世界看到你——以及你的產品——的真實樣貌。極簡創業家明白人們會關心彼此，一有機會便教育、激勵、娛樂大眾。他們並不追求登上新聞頭條，而會打造粉絲，而粉絲假以時日便轉變為顧客。

- **追求自身與事業的成長時警覺謹慎**

極簡創業家掌控自己的事業，而不是讓事業掌控他們。他們不玩財務槓桿，不會為了規模成長而犧牲盈利能力。走到那一步，可說是敗象已現……而極簡創業家不當輸家。

- **打造你想住進去的房子**

極簡創業家會僱用其他極簡創業家。他們不會依循苟且、照章行事，而是依據自身的根本原則來建立公司，幾乎與所有人相異。你做事的方式並非所有人都能適應，但有些人能夠如魚得水優游其中。假使你及早定義自身的價值觀，並且時常向外界傳達你的本質，那些適合你的人便會找上門。與如何工作、何時工作、在哪工作相關的傳統思維已開始快速變革，極簡創業家深知有意義的規範寥寥無幾。

就算你已經成功打造你的極簡事業，這段旅程仍未結束；我可以直接明說，旅程永無止境。極簡創業家知道人生並非只是圍繞著公司經營，創業的魔力本源在於，你和你開創的事業可以提昇許多人的生活品質——你不一定非得幫到幾百萬人，多少人才算「足夠」由你自己定義，不必是某個特定數量。

讀到這裡，如果你點頭稱是，這自然很棒；如果你心存懷疑，那也無妨，我還有五萬字和幾個小時的工夫來說服你。繼續讀下去就對了！

追求盈利能力，別只夢想當獨角獸企業

打造極簡企業並不是一項快速致富的提議，但如果你把盈利能力視為公司經營的關鍵指標，而非以成長掛帥，那麼極簡企業可以讓你緩步致富。盈利能力代表永續性，當公司面臨停滯時，你不會望眼欲穿等著別人來拯救你——許多創業者正是抱持這種心態來進行新一輪募資——盈利能力讓

你可以自力救濟。

儘管我確實認為極簡創業家的思維，幾乎能保證百分之百的成功率，但我樂於承認，成功可能得經歷許多次實驗之後才能達成，而這正是盈利能力極其重要的原因。如果你有盈利，你就可以嘗試無數次，而只要你有從顧客身上累積錯中學的經驗，這幾乎保證你能踏上成功坦途。大多數人沒有踏出第一步，或是踏出後無法持續、總是放棄。許多贏家其實只是堅持到底的那個人，別輕易言退。

由公司老闆、大學院校、創投業者作主，決定誰可以嘗試、誰不能嘗試的時代，逐漸成為往日雲煙。如何打造事業、拓展公司規模的資訊已經廣佈全球，創業所需費用也日益下降，代表創業家越來越沒理由仰賴創投注資。募資本身並不是問題，那些獨角獸企業也不是全都暗藏邪惡。我自己就曾為Gumroad募資（稍後你會讀到，我後來再度募資，不過是以非常不同的方式），市場上也有如Pinterest、Lyft、Slack等等運用創投資金、成長快速，但仍然專注於顧客身上的企業。但多數創投模型都仰賴於創造出無法永續的快速成長，這種邏輯會摧毀那些依靠別種標準判定成功與否的事業。

為什麼呢？因為創投是一種高風險、高回報的投資策略，其資金用於交換新創事業於草創階段的股票，本質上即為購入一部分所投資公司的未來價值。要讓這種模式行得通，少數成功案例（如優步、Airbnb、Stripe）的獲益便必須能填補其他失敗案例的損失。由此，Cowboy Venture的創始人艾琳・李（Aileen Lee）創造了「獨角獸」一詞，來代表那些估值超過十億美元的私人新創公司。在童話故事裡，人們總是難以抗拒去追尋獨角獸的渴望，但在此同時，獨角獸向來稀少又善於躲藏，幾乎不可能抓到牠。

艾琳・李所提出的神話性譬喻再合適不過。罕有人能成功創建十億級企業，連那些募到大筆創投資金的創業者也不例外。Menlo Ventures的執行董事兼合夥人麥特·墨菲（Matt Murphy）表示，大約七十%的新創公司會失敗——所謂的失敗，從公司完全解散清算，到公司雖然現金流呈現正值、堪稱營運正常，但對創投業者仍屬表現不佳的狀況皆包含在內。剩下三十%存活下來的新創公司，墨菲說有些能創造出初始投資額三到五倍的獲利，但在此種投資策略下，這樣的成效只能算是小小成功。這整套投資體系是奠基於創投業者所注資的公司之中，至少有五%能帶來十倍到一百倍的獲利，藉此打消損失、讓創投業者不至於白忙一場。少了大放異彩的公司，整個模式便行不通了，因為得靠那些少之又少、創造出不成比例成功的十億級新創公司，來填補其他幾千家有如錢砸進水裡的失敗投資。

以上並不是極簡創業家的作風。我們全心專注於讓自己從第一天開始便具備盈利能力，藉此快速取得永續性，如此一來，我們想服務客戶與社群多久就可以做多久了。

別說它是捲土重來[3]

無論你目前在哪工作、怎麼工作或為誰工作，你都可以利用本書提到的原則，來重新思考是否

3 譯注：本句原文（Don't call it a comeback）語出美國饒舌歌手詹姆斯·史密斯（James Todd Smith）之歌曲〈媽媽說對付你不能手軟〉（Mama Said Knock You Out）。因歌詞下一句為「我在這裡好幾年了」（I've been here for years），後來常被引用為網路迷因，取其逆轉勝、沒有放棄、始終存在（一直待在賽場上）等涵義。

有什麼理念或習慣導致你裹足不前。我真心相信，不管你的背景為何，創業都應該是每個人的選擇之一，也因此本書收錄的眾多優質企業案例之中，有許多是由充滿熱情的個人一手創立，只是之前行事低調而名聲不大。對前程似錦的極簡創業家來說，我希望這些企業故事能做為參考，因為新的線上工具使大家在創業、行銷、販售等方面變得更輕鬆且更便宜，就算你是個體經營者（solopreneur）或獨立創作者（independent creator）也能從中獲益。

那麼，你要從哪裡開始呢？請你先仔細看看你所關心的人們、場所和社群。痛點在哪裡？什麼事情目前欠缺成效，但或許花點功夫便能改善？透過極簡事業的創立，處處皆有做出貢獻的良機。讓我覺得啼笑皆非的是，人們時常漫無目標地閒晃，希望能找到一個足以創業的點子，同時間卻抱怨生活周遭有太多運作失靈的事物。他們會說：「是啊，我費一點小功夫就能幫忙解決那個問題，但潛在市場太小，沒辦法規模化。」這種思維正是本書所要探討的。

你或許已經踏上開創事業的旅程，但假使你剛剛起步，有些商業模式本身便更適合極簡事業，包括：幾近任何類型的B2C產業；或是具備快速的客戶回饋循環與大量重複性商機的B2B產業，例如按需即用軟體業（software as a service, SaaS）、數位及實體商品與服務業，或是配對媒合業。詳情將在本書後續篇幅細述。

有些產業則不適合極簡事業這種框架，因為它們的客戶回饋相對遲緩。例如，需要投入大量資金做研發，或是績效得靠銷售給官僚主義濃厚的大集團或大型組織（像是財星百大企業、學術機構或醫療院所）來拉抬，這種產業便不怎麼適合我所推薦的流程與體系。

好消息是，構成「事業」的要件正以前所未見的速度在改變。儘管此番轉變在二〇二〇年之前便已發生，但新冠肺炎疫情爆發（COVid-19 pandemic）讓轉變更為加速，並使各類背景人士對創業產生興趣。跟過去相比，如今我們不再需要搬到名為矽谷的創業聖地，不必就讀於哈佛或史丹佛等名校，也用不著向創投業者募資了。網際網路讓你可以向任何處所學習、與任何人士交流，甚至能直接向顧客募資。

這個世界正迫切需要唯有創業家能提供的解方。問題處處皆是，但那些矽谷軟體工程師和畢業於常春藤盟校、被世間尊崇為創業家階級的卓越人才，時常對這些問題視而不見。我們需要從世界上各個角落、社會裡各種階層出身的創業家來提供協助。若想設定對我們自己與事業更好的目標，責任便在個人創作者與創業家肩上。畢竟，問題不會自行解決，人才能解決問題。

先當創作者，再當創業家

理論上，創業似乎頗為單純：

一、不斷縮小你的理想客群範圍，直到縮無可縮。

二、切實定義你想要為顧客解決的痛點為何，以及他們願意為此付多少錢。

三、專注於打造解決方案並對此設定明確的截止期限，然後收費。

四、重複上述過程，直到你發現有某項產品行得通，接著環繞著該產品來擴大公司規模。

但實際上，事情沒那麼簡單。總是會有各種難關冒出來，而且大多數人甚至不知道該如何起步。無論是哪種「事業」，聽起來都太嚇人、太不具體、太高不可攀。幸運的是，如今有另一種方法讓你踏出第一步——在你當上創業家之前，先當個創作者。

那句話可以是代表當個藝術家，但也未必如此。創作者會製作東西，並為此向受眾收費，然後用獲取的資金去創造更多東西。他們會把收到的第一筆錢用於激發自己的創作動力，而不是隨便亂花。假以時日，隨著經驗增長，創作者便能讓人看出他們如何將自己的創造力轉變為事業，週而復始。到頭來，打造像Gumroad這樣的公司和當個創作者之間，差異並不大，只在語彙方面有些出入——一個或多個人，利用公司這項工具來製作某種新東西。畫家需要畫筆，作家需要鉛筆，而創作者需要公司。了解這一點關係重大，因為這能降低人們對「開創事業」的自我設限，而真正踏出那一步至關緊要。你不是學完才做，而是先做，再學。

我的國中好友對線上遊戲《魔獸世界》（World of Warcraft）非常著迷，甚至因此用影像處理軟體設計奇幻風格的生物。我很欽佩他，但我還記得自己當時想著：「我也做得到。」於是我找了些影像處理的指南來研究，在我慢慢上手之後，我開始參加各種網路上舉辦的商標設計競賽。雖然我從來沒有因此得過獎，不過創造許多東西並使之成形見世的經歷，讓我成為功夫不錯的設計師，開啟了自由接案網站設計工作的機會。

一旦你參與過別人的專案，你自己難免會冒出一些點子，於是我開始打造簡單的網路應用程式，並聘僱工程師來撰寫程式碼。舉例來說，在推特正式推出推文串功能之前，我就開發了一個名為Tweader的應用程式，它能讓用戶看到不同人彼此間在推特上的交談。另一個名為Ping Me When It's Up的應用程式，則可以設定在某個原本進不去的網站恢復連線時傳訊給我。（看到這裡，你應該很清楚我向來不擅長取名字了。）

在iPhone App Store上線之後，我利用iTunes University這項開放課程服務，從史丹福大學的iOS開發免費課程中學到如何設計iPhone應用程式。（課程名為CS193p，我依然推薦！）我為世界各地客戶創造的產品，會由App Store處理銷售上所有金融事宜，這代表我可以專心開發應用程式。太完美了。

我開發的第一款iPhone應用程式叫Taxi Lah!，它能讓使用者打電話叫計程車，那時優步（Uber）還不存在。我為了幫忙新加坡同僚而把它放上App Store，並賺到了幾千美元。後來我又開發了一款名為Color Stream的應用程式，它能讓設計師創造與調整手機上的配色，為我賺到將近一萬美元。每一次我開發軟體，都是試圖解決我面臨的某個問題。我想要設計與創造一點點小軟體，好讓我的生活——以及其他人的生活——變得更好一點點。

「把真正的產品送到真正的客戶手上」的經驗，促成我獲得一份落腳於Pinterest的工作，為它們在iPhone平台上開發官方應用程式。在工作之餘，我打造了Gumroad以銷售我用影像處理軟體設計的一個圖示。當我發現某個解方行得通，我把它賣給其他創作者，而他們又把自己的產品賣給交流圈裡的其他創作者，其中許多人最終便自己成為Gumroad的客戶。這下子，我當上貨真價實的創業家了，即使我在整個過程中始終沒有認真想過這件事。

App Store幫我剷除了行銷與金融方面的障礙，於是我能全心擁抱自身的創造渴望並成為創作者，此轉變又促成我當上公司創辦人。這是一個向上提昇的良善循環，創作帶來了更多創作。如今，Gumroad為世上想當創作者的人群提供一模一樣的機會。基本上來說，Gumroad有如一間光鮮亮麗的「薩希爾．拉文賈複製工廠」。你說它美不美呢？我媽覺得挺美的。

馬克斯．烏利奇尼（Max Ulichney）是一位住在洛杉磯的藝術總監兼插畫家，他總是認為生活會是白天得在大公司上班賺錢付帳單，晚上才有餘裕撥幾個小時做自己的事。他在同一家創意代理商擔任藝術總監十五年，後來開始在會議之間用一款名為Procreate的iPad應用軟體畫些圖。兩年前的某天，烏利奇尼決定開始向Procreate的使用者，販售他原本設計來自用的數位筆刷（brush）。從中賺進幾百美元後，他認為值得繼續投入心力，把販售這種數位工具當成事業來經營。兩年下來，他已經足以做為獨立創作者謀生，最近他辭掉創意代理商的工作，全心發展他所創立的Maxpacks公司。

像烏利奇尼這樣，「先當創作者，再當創業家」的故事，多到數不清。

亞當．華森（Adam Wathan）和史提夫．肖格（Steve Schoger）教人設計與開發網路應用程式。他們跟我一樣，相信每個人都能在接受些許支援之後成為稱職的前端工程師。在建立線上受眾僅僅數年之後，他們在二〇一八年十二月推出了Refactoring UI這款線上課程，並在一個月之內賺進超過八十萬美元。如今，他們可以把時間花在做自己真心愛做的事情了：開發Tailwind，這是一款免費且開放原始碼的網頁開發框架，可用於快速創造客製化的網頁設計。

克莉絲堤娜·加納（Kristina Garner）是兩個男孩的母親，她為想要進行在家教育的家庭，提供非宗教性、以自然生態學習為本的實作指導。她在二〇一五年憑著熱情開始撰寫的部落格，後來發展成Blossom and Root這項聘僱數十名員工的事業，每個月能為幾千個家庭幫上忙。

上個月有兩萬八千又兩百零七位創作者在Gumroad上販售商品，上述故事只是區區數例。人數如今聽起來很多，但我也不是從起初就表現非凡、有這麼多人參與的；我的創作跟大家一樣，都是從幾近為零開始努力。從過去的一無所有，到現在的推陳出新：數位筆刷、線上課程、直送到府的維達麗雅洋蔥。

在下一章，我會告訴你怎麼踏出第一步。

▲重點整理

- 你不是學完才做，而是先做，再學。
- 極簡創業家致力於「扣除支出後足以盈利」，而非不惜一切代價追求成長。
- 開公司是一種為你所關心的人們解決問題的方法，而且你還能從中獲取報酬。
- 先當創作者，再當創業家。

▲延伸學習

- 在推特追蹤彼得・亞斯楚（@searchbound），他定期發推文分享商業點子、網域商機和其他有趣的內容。
- 閱讀亞斯楚的文章〈我在網路賣洋蔥〉（I sell onions on the Internet）：
- 閱讀〈反思我在打造十億級企業時的失敗經歷〉（Reflecting on My Failure to Build a Billion-Dollar Company）這篇啟發我撰寫本書的文章：
- 在Instagram追蹤@gumraod，觀看我們的創作者的故事。
- 在Clubhouse加入極簡創業家俱樂部（Minimalist Entrepreneurs club），結交社群裡的其他極簡創業家，並向他們學習。

2

從社群開始

養一個小孩需要一整個村莊來支援。

——非洲俗諺

找到自己的社群

二〇〇九年，索爾．歐威爾（Sol Orwell）自覺體重過重而且不快樂，於是他加入Reddit內的健身板（r/Fitness），[1] 尋求資訊與支援；Reddit內有幾千個這樣的小型討論板。同一時間，他也開始研究健身與營養學，閱讀像提摩西．費里斯（Tim Ferriss）所撰《身體調校聖經》（*The 4-Hour Body*）之類的著作，作筆記並摘要重點發布於健身板，分享給社群內的其他成員。對歐威爾來說，Reddit是他追求聯繫感時再自然不過的處所。他之前就已經加入過其他討論板（如NBA和多倫多市等），所以他知道並理解在Reddit發文的規則與標準——只發布真實且有用的內容。

隨著他學到更多健身與營養學的知識，他就分享出更多內容。除了閱讀心得以外，他也透過回答問題、記錄自己在幾年內瘦下二十七公斤的經歷來激勵其他人。他把自己在體態上的轉變，歸功於他與其他板友（redditor）建立的友誼，其中包括柯提司．法蘭克（Kurtis Frank），健身板的板主之一。最終，歐威爾和法蘭克一起管理健身板，但一陣子之後，他們開始注意到兩個難以根除的問題。

首先，關於營養補充品的可靠資訊非常稀少，板友或營養補充品製造商提供的資訊都難以採信。其次，幾乎每天都會有新加入討論板的成員，一再詢問過去已經被回答的事情，其中時常是與營養補充品相關的疑問。歐威爾原本對這兩個狀況很氣餒，但他最後瞭解到，或許癥結點正是這些人需要的知識資源並不存在。

歐威爾和法蘭克發現，在兩年管板期間，健身板的參與者從五千人發展到將近五萬，而他們所關心與培育的這個社群如今有一項需要完成的工作。二〇一一年，他們推出了Examine.com，使用者可以在這個網站找到免費且沒有預設立場的營養學與營養補充品最新研究與資訊，而這樣的內容正是他們倆一直在尋找的。

他們告訴了大家這個專案，但其中不牽涉商品販售，也只在他們於健身板回答問題時偶爾放上網站的超連結，反而是社群裡其他人主動幫忙宣傳，畢竟兩人此時已經在Reddit活躍大約五年了。歐威爾記得那時他們的「業力」(karma)有十萬出頭——業力是使用者對Reddit做出多少貢獻的積分標準，可透過其他使用者給予的好評(upvote)與回覆文章來取得——所以大家信賴他們，而且他們為健身板解決問題時並沒有要求報酬。

二〇一三年，在網站推出兩年之後，他們開始思考商業化(monetizing)的可能性，於是他們在社群內做調查，詢問大家認為Examine.com所提供的資訊能幫忙解決哪些問題。歐威爾回憶道：「我們會問大家：『你有什麼問題？你希望你可以做到哪些事情？』而最常看到的回覆是：『我希望網站上有一個蒐羅所有資訊的大表格，這樣的話，如果我想要尋找會影響血壓的營養補充品，我就可以快速找到了。』」因此，他們推出了第一項產品Research Digest，提供關於營養學與營養補充品的

1 譯注：Reddit是一個娛樂、社交及新聞網站，註冊使用者可以將文字或連結在網站上發布，使它基本上成為了一個電子佈告欄系統，任何人都可以任意開設新的子討論區(subreddit)。我國網民常把這類主題討論區稱為「板」，參與者稱為「板友」，管理者稱為「板主」。

綜合指南。

歐威爾在健康與營養學領域頗有名氣，為了推銷Research Digest，他動用人脈，請健身界名人幫忙宣傳，這時距他加入健身板已經是四年前的事了。他和法蘭克推出Research Digest時，健身界有一〇五人分享了連結。他們的銷售目標是一千套，而在首發日結束之時，已經賣掉了六百至八百套。最終銷售是三千套，靠的完全是名聲、信賴感與口碑傳播。

把時間快轉，如今歐威爾過得快樂、健康又富裕。Examine.com持續是健康與營養學領域的重要資訊來源，每天可達七萬人次造訪，每年可賺進百萬獲利，不過歐威爾已不再負責日常營運。經營團隊目前發展的業務包括營養補充品相關知識的指南書與訂閱服務，涉及領域除了健身以外，也增加了養生、慢性病與心理健康。不過他們從未忽視社群的重要性，持續仰賴日久見真情的互信與關係經營。

本章我們會討論你要怎麼找到自己的社群（假設你還沒找到），以及如何從中發掘出可能最適合極簡創業家解決的問題類型。在此我得明說，這個過程耗時不菲，但如果做得正確——以及更重要的，做得真誠——它將會是當下與未來數年發展的根基。無論你是剛要開始創業，或是你已經在打造產品，瞭解並為社群做出貢獻，都會是你在任何階段的關鍵。謹記這一點，你便能找到並滋養有助於合作與成長的正確氛圍，最終發展成有意義且具備永續性的事業。

從社群開始

社群是社會的基礎元件。從索爾．歐威爾的健身板，到瑜伽教室、家庭，或是一群會跟我們在大半夜同樂的好友，社群是一處可以與人交流、學習和找樂子的地方。對極簡創業家而言，社群則是任何一個成功事業的起始之地。

不過，這不代表你該興匆匆地找個社群，只為了創業而加入。那句話的意思是，創業之所以會失敗，多半是因為沒有先想過要針對特定哪群人就去創業。創業成功的案例之中，常是因為它們專注在服務創業家相當熟悉的某個社群。這個過程急不得，因為啟發是出自真誠的關係與願意服務的精神，兩者都需要時間發掘與拓展。你或許還能學會一種新語言，或至少多認識幾句行內話。

以前社群會受限於地理因素，不過如今遠比以往更容易跟一群與你有共通之處的人們交流，無論彼此有共鳴的事情是某個興趣、某位藝術家或是某種信仰。不過，社群並不是一群人在思維、行動、外觀與舉止等方面都一模一樣，那種組織叫做宗派(cult)。

社群與宗派恰恰相反——這是我從舊金山搬到普若佛，脫離矽谷同溫層之後所獲得的體悟。有生以來，我第一次發覺，最棒的社群是由一群彼此相異但有相似興趣、價值觀和能力的個體所組成。這樣的一群人，很可能不會在其他狀況下有所交流，而且時常囊括各種身分的人士——沒錯，政界人物也在其中。

社群可以凌駕於人們對彼此的厭惡。每週日，我在耶穌基督後期聖徒教會都能看到，保守派與革新派、富人與窮人、青年與老者，大家相鄰而坐。我不確定他們出了教會大門後對彼此有什麼想法，但至少每週一次他們會為了社群而齊聚一堂。

要成為教會社群的活躍成員、學習相關術語與思維並不容易，得花上不少功夫。不過在我許久以來始終視而不見之後，如今第一次回想起一個關鍵：雖然你不需要全心投入你所加入的每個社群，但你至少要投入一小部分，而且那一部分必須要極其真心誠意。是時間與脆弱性兩者的結合，引發了關係建立與成長。

我個人的成長之一，就是發現身為外來者代表我處於獨特的優勢地位，能夠用嶄新視角觀察社群，並以全新方式對社群做出貢獻。你或許沒有搬家到新城市的經驗，不過一旦論及社群，脫離你的舒適圈

雖然你不需要全心投入你所加入的每個社群，但你至少要投入一小部分。

有其必要。此外，當你探索新社群時，離開某些舊社群是既健康也正常的。

對我來說，從矽谷搬到矽坡（Silicon Slopes）[2]，讓我發覺我其實沒那麼在意科技，至少不是我原本自以為的那樣在意。在猶他州時，我沒有參加JavaScript社群的見面會，沒有報名設計講座，也沒去當創業簡報提案（pitch）大賽的評審。我倒是發現自己去上了人像畫課程，或是待在某個穀倉幾百公尺外學習怎麼做戶外繪畫（plein air painting），或是某個週四早晨待在咖啡館，跟幾位我在工作坊認識的朋友一起寫作和賞讀科幻故事。

在現實生活中找到這些創意社群，讓我回想起早年啟發我的火花。重新發現自己屬於創作者一員，以及花時間與其他創作者交流的過程中，則讓我與當時創建Gumroad的初衷再度連結起來——我就是喜歡創造東西！我真不敢相信自己竟然把它忘記了這麼多年。

我恰巧處於某種即將成形的趨勢之最前線——Andreessen Horowit的前合夥人暨Atelier Ventures的創辦人金麗芸（Li Jin）把它稱為「熱情經濟」（passion economy），意為：一個「人們可以靠做他們愛做的事情維生，並且過著更充實且更有目標的生活」的世界。當我創建Gumroad的時候，線上的創作者平台仍是新概念，但隨著無程式碼解決方案（no-code solution）日益流行，播客（podcast）、影音內容、線上課程（online course）、線上教學（virtual teaching）和線上個人教導（virtual coaching）的建立與收費機制之間

2 譯注：矽坡是指猶他州利哈伊市（Lehi）周圍的地區，那裡集中了數十家科技新創企業，目前被新聞媒體公認為科技界的一支新興力量。

已經近乎無縫接軌。於是，當今若想圍繞著你所熱愛的事物來開創事業，可說是遠比以往更容易做到。

你或許很喜歡做某件事，儘管表面上那件事跟你的「正業」無關；可能是跑馬拉松、做陶藝、聽電音，或任何你在閒暇之餘很熱衷的事。不管那是什麼事，若想打造一項極簡事業，且該事業是圍繞著你樂於為伍的人群，加上你熱愛花時間於此道，那麼關鍵在於成為某社群的一份子。你可能已經在思考，自己加入的社群有哪項問題可以怎麼解決，或者你只是正打算加入某個與你熱愛事物相關的社群。無論是哪種狀況，找到「跟你同一掛的人們」對計畫初始來說都是至關緊要——這不僅是為了你的創業著想，也是為了促成你的個人幸福。

在普若佛參加寫作課與繪畫課，讓我想到我所屬的社群並不限於眼前的人們，世上還有更廣大的群體跟我一樣，正想要「把熱情轉化為謀生之道」。我真正所屬的社群，並不追求「不惜一切以求成長」的思維，那樣的增速擴張有可能害他們粉身碎骨。取而代之，他們的優先順序與我相似：重視人與人之間的連結，以給予空間、時間與自由度的方式，去探索他們的興趣，最終將熱情以有意義的方式轉化為事業。

找到「跟你同一掛的人們」

許多人感覺自己很難刻意地去加入社群，儘管每個人其實都已經是某些社群的一分子了。如果你讀到這裡，卻仍在懷疑自己已經加入了哪些社群，那麼你可以自問以下問題：

一、如果我發言，誰會聆聽？
二、在線上和線下，我已經會在哪裡與哪些人消磨時間？
三、我在哪些狀況下最能坦誠無欺？
四、有哪些人是我雖然沒那麼喜歡但仍願意花時間往來，因為我們在某種更重要的事情之中有共鳴？

至少花一個小時思考，當你認為「我想不出來了」的時候，再多想幾次。在你終於創造出來的那張清單裡，你就能找到你注定要服務的那群人。如果你已經創業了，你或許會想要跳過這一步，但我相信定期做這個練習有助於你提醒自己，當初你為什麼會去做目前在做的

這些事，以及更重要的，你做這些事是為了服務哪群人。

接下來，你就可以把這張社群清單轉變為場所清單（地點可能是線上或線下），並在該處耗費更多時間學習與做出貢獻：

一、每存在一個有相似興趣的團體，就會在網路上有一個對應的臉書社團、Reddit討論板、推特帳號、Instagram主題標籤（hashtag），或是某種能夠匯集人群、分享想法的機制。通常會有好幾個，統統都加入。

二、會有由服務那個特定社群的企業所建立的社群（例如論壇、社團等等），同樣加入它們。

三、開設線上課程的知名講師，運作上會與社群相似，或許也值得加入——不過要注意相關費用。

四、當然，還有各種親身出席的社群！包括見面會、工作坊、課程、系列講座、聯誼活動等等。

切記，目前你的目標是加入社群，而不是加入關係網絡。

在臉書、推特或Instagram這樣的網絡，新加入者得從零開始；他們走進門時不會有人打招呼，他們發言時也不保證有人會聆聽或提供協助。

無論是線上或線下的網絡，本質上都不壞，有時可以促成真誠且有意義的人際連結，尤其在隨

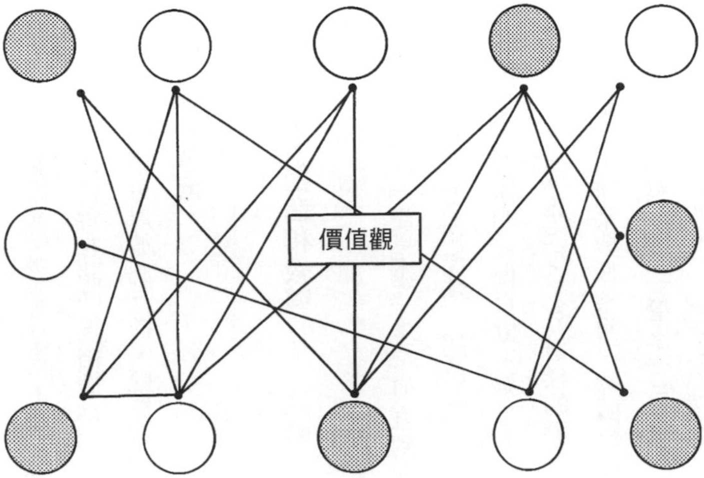

社群

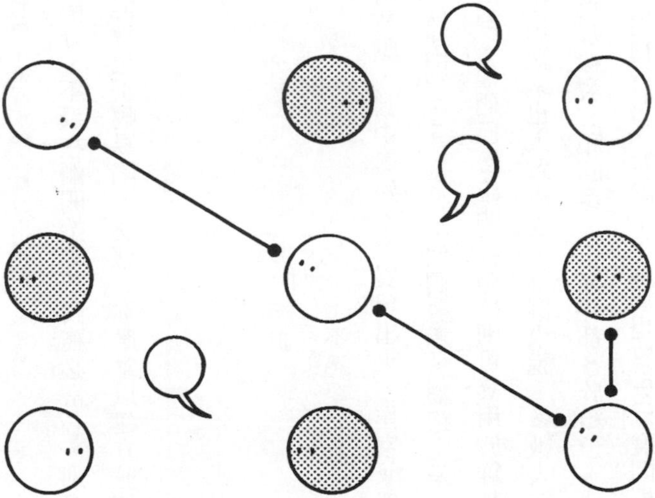

網絡

著你的朋友和追蹤者數量變多，演算法開始會把你的創作與內容產出推薦給原本不認識你的人的時候更有幫助。可是，那些朋友和追蹤者，一開始是從哪裡來的呢？答案是，你所在的社群！（對極簡創業家來說，網絡及其受眾非常重要，不過目前還不需要處理。我們會在第五章深入探討相關細節。）

最終，你將會在諸多網絡擔當你的企業門面的一部分，不過在剛開始的時候務必當心，別誤以為社群和網絡可以彼此互換，就算有病毒式傳播的可能性也別輕易陷入誘惑。你應當以建立並加深關係為優先考量。

做出貢獻、創造和教導

成為社群一員是第一步，但直到你開始對社群有貢獻，其中奧妙才會展現出來。作家兼部落客（Ben MacConnell）和傑基·胡芭（Jackie Huba）稱之為「一％法則」（1% Rule）：他們表示，網路上是一％的人創作、九％的人做貢獻，剩下九十％的人消費資源。他們已經證明這個法則可套用於維基百科（Wikipedia）或雅虎（Yahoo）這樣的網站，而在其他協作類網站也大致成立。舉例來說，多數人在瀏覽Reddit時，並不會像索爾·歐威爾和柯提司·法蘭克那樣發文和回覆，連好評都吝於給予。他們無聲無息地悠遊其中，「潛水」（lurking）一詞被用來形容這種行為。實際上，就算是Reddit發問板（r/Askreddit）這樣每日不重複訪客數高達一百五十萬人次的討論板，在單日的時間區間內，也只有兩千六百七十四篇發文和十一萬又四〇八則回覆。

如果你做出貢獻，你的能見度就是沒做的人的十倍，而且會持續增長。

做出貢獻的意思是，回覆、編輯精華，以及整體而言參與廣泛對話。此外，如果你進一步踏入創作領域，展現你正致力於什麼事、從中學到什麼並樂於指導，並把嶄新資源帶入你的社群，那麼你的影響力更是會增長為九十倍。我當然是把這件事簡化許多，不過我希望以下這一點仍然成立：儘管潛水比回覆沒意義的內容來得好，但若要做得更好，那麼即使你自認尚未準備好，你還是可以試著為社群增加價值。如果你跟許多人一樣，感覺很難主動貢獻，你可以這樣提醒自己：如果我有能力付出，保留不用就太自私了！

一旦你開始做貢獻，人們便會開始注意到你的名字。到最後，有些人可能會用「@你的帳號」的方式標注你，直接向你請教，或是成為你的追蹤者，以便在你發文的第一時間得知。

住在猶他州的時候，我遇見好幾位畫家以這種方式

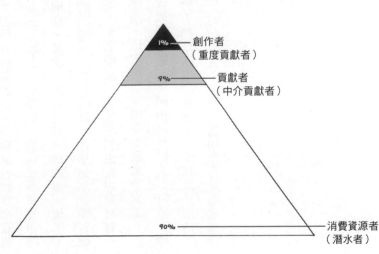

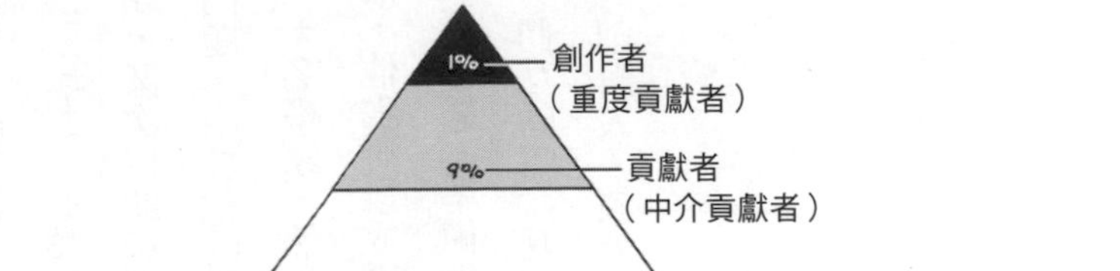

建立社群並最終打造成事業。其中一位是風景油畫家布萊恩．馬克．泰勒（Bryan Mark Taylor），他加入的社群是由畫家與藝術愛好者所組成，成員會在加州沿岸參加戶外繪畫競賽。泰勒透過競賽來販賣畫作，並打造了一群死忠收藏家以及藝界同志，這些人會在Instagram追蹤他，他也在那裡發布關於創作和教學影片等更多內容來拓展社群。二〇一〇年代前期，某次自助旅行時，他的畫架壞了，於是他開發了戶外繪圖系統Strada Easel的原型來解決自己的問題。由於他的社群在那幾年之間有機增長而且樂於分享，讓他可以把Strada Easel的資訊分享給上千名畫家，然後他們也會想要擁有一套。如今，Strada Easel讓泰勒和他的員工足以過著快樂的生活，他也可以愛畫多少就畫多少了。

一旦你定期透過參與對話以增進人際關係，你終究會更進一步，準備指導其他人。可是，你該說些什麼，以及要怎麼跟社群裡這些你已經熟識且尊重的人們互動呢？其實，一切都基於創造價值，也都可以用納桑．巴瑞（Nathan Barry）——他是ConvertKit的創辦人，該公司為創作者提供電郵行銷服務——掛在自己辦公室的三則標語來總結：

一、在公開場合做事。
二、指導你所知道的一切事情。
三、每天都創作。

如果你一直在學習，你就一直會有東西去教導其他人，協助他們找出最適合自己的下一步。

二〇〇六年，當巴瑞開始寫部落格和發行電子書時，他始終苦惱於難以擴大能推廣他著作的社群，可是圈內的其他人似乎都沒有這種問題。他追蹤了一位名為克里斯．柯耶（Chris Coyier）的網路設計師，柯耶定期在自己的網站 CSS-Trick.com 發布文章與指南。

柯耶有一批忠實追蹤他文章的粉絲。二〇一二年時，他需要三千五百美元的生活費用，以便休假一個月來重新設計他的網站；他承諾會把重新設計的過程紀錄下來且做成指南，提供給參與他群眾募資的粉絲。短短時間內，他便募到了八萬七千美元。巴瑞寫道：「我忍不住會想，我跟柯耶在網站設計方面有相同的技能組，在相近的時間開始經營，發展的速度也差不多。為什麼柯耶有辦法啟動粉絲熱情，靠群眾募資款獲取八萬七千美元，我卻完全做不到？差異到底在哪裡？」

他們確實都在發布內容，但柯耶有做到分享，巴瑞卻沒有。巴瑞說：「我發現自己會專注於一個專案，把它做完並且呈現出來，接著就去做下一個。柯耶也一樣，但在他結束一個專案之前，他會把自己從中學到的所有事情都教給大家；如果可行，他會把自己寫的程式碼、所運用的特殊技巧，整理成指南教學。他每一個專案都這樣做。我跟他在這段期間的差異，就是他指導大家他所知道的一切事情，而我沒有。」自從有了這個啟發，ConvertKit 逐漸成長為每年持續性營收達兩百萬美元的公司。

如果你學會了某個東西，很可能你所屬的社群之中，有一大部分人會認為值得向你請教，就算你不是該領域的頂尖高手也不打緊。

而如果你不斷學習，你就一直有新東西能為社群做出貢獻。隨時間演進，這也能形塑良好的飛

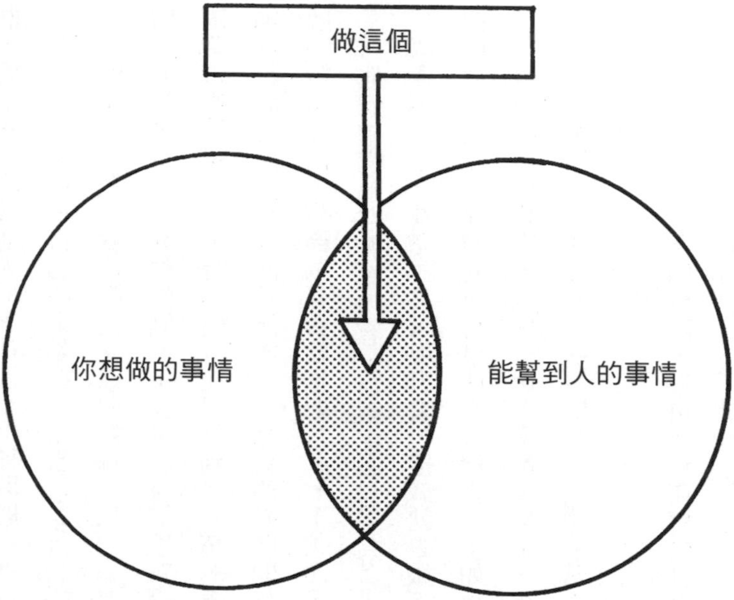

輪效應(flywheel effect)，[3] 因為教學時常會觸發你的好奇心，激勵你進一步自我學習。而當你公開學習，你的學生會提問，迫使你必須學得更多才能教導他們。

你並不需要教導你學到的每一件事；事實上，縮小範圍後的精準主軸內容會更合適。例如，派崔克・麥肯錫(Patrick McKenzie)——他是作家兼企業家兼軟體工程專家，二○一二年時他寫了一篇薪資談判的文章引發瘋傳，讀者群起效尤，讓他從此揚名軟體工程業界——相信，最棒的個人品牌存在於兩個主題的相交之處。麥肯錫目前任職於Stripe，不過他憑藉自己身為創作者和創業家的經歷，持續為軟體工程師和軟體創業家撰寫文章，指導他們如何開創與規模化自己的事業。

如果你每天都在學習(或許你已是如此)，你每天都會有東西可以分享給人。同時，你磨練了技能與經驗、學會行內術語、社群日益增長，每一項都是當你最終準備銷售產品時所必備的元素。

遺憾的是（或許你也已經知道），這段過程沒有捷徑可走。當你思索自己目前在做什麼、未來又能怎麼轉化為事業時，請仔細看看你參與的那些社群；你已經投入時間與心力於其中，所以你或許心底早就想過怎麼進行下一步了。如果你還沒有想法，持續思考，並且不斷精進自己——變強壯、學繪畫、學寫程式碼，或學習任何你感興趣的事物，然後把你學到的東西教給別人。

無論是現在或未來，當你的智識已經專精到足以將之商業化，如果你投入時間經營社群，你就會是某個大型社群內的一員，而他們最終將成為你的首批潛在客戶（細節將於第四、五章詳述）。很重要的是，你要對自己所能做到的產品品質堅守誠信。你的社群應該成為你自我提昇、產出分享、協助他人的鐵證——這些人原本可以把時間花在世間眾多事物，但他們選擇了你。

先成為一個能幫忙大家的人，再打造一個能幫忙大家的事業，兩者之間的關係並非巧合。當你成為某個社群的要角時，你同時也接觸到社群成員面臨的眾多問題。人們會找上你，解釋自己遇到的問題，並希望你能幫忙解決。

3 譯注：飛輪效應語出《從A到A+》。為了使靜止的飛輪轉動起來，每轉一圈都很費力，但飛輪會越轉越快，達到某個臨界點後，飛輪的重力和衝力會成為推動力的一部分，你無須再費更大的力氣，飛輪依然會快速轉動且不停轉動。在商業上，此效應被引申為萬事起頭難，但累積了足夠的努力和成果之後，終能形成正面循環。

「一夕成功」純屬迷思

我花了很久（一直到我寫這本書的時候！）才明白，社群對我的職涯有多重要。我常講的Gumroad起源故事，都從我是Pinterest早期招募的工程師時說起。到職幾個月之後，某個週五晚上，我正在家裡學習怎麼為一個業餘專案設計寫實風格的圖示。我的成果如下：

印象中，我花了四小時才做出這個鉛筆圖示。但如果我有某種原始檔案做為設計基礎，讓我可以看出那些陰影、明亮部分和形狀是如何組成的，我可能只需要花費一半的時間製作。我很樂意付錢買那種檔案，花一百美元都值得。而因為我是某個有相同思維的設計師社群一員，我知道許多設計師會有同感。此外，那些設計師的其中一部分直接追蹤了我的推特帳號，他們全是潛在客戶。

我開始在網路上搜尋，心想應該很容易找到方法把數位商品販售給我的受眾。但事實不然，我得從頭到尾自行設定商店前台，還要付月費。這可說是我正好一腳踢到問題上了——我們會在本章稍後繼續探討這個概念。

於是，我在週末開發了Gumroad，週一時正式推出，還真的賣出幾次那個鉛筆圖示。

不過那則標準版起源故事並不完整。原來，我以前就遇過類似的問題、有過類似的思緒，只是那時我沒去開發Gumroad：二〇一一年時我發布過一篇部落格文章，內容是關於我曾經在iPhone平台開發過一個推特客戶端應用程式，想要販售原始碼，卻找不到方法於是放棄。

在我的第一次與第二次發想（後來變成了Gumroad）之間，已經有許多事情在這幾年時間有所改變，不過最重要的轉變是：我已經找到我的社群，也透過創作、貢獻、學習、教導等方式，為自己建立起地位。當我再度浮現那個念頭時，這一次我武裝齊備，有自信、有受眾，也有洞見如何以快而有效的方式解決有意義的問題。

從外表看來，一切似乎是水到渠成，但這不只需要花費時間參與社群，也需要選擇社群。世界上真的不存在一夕成功的美事，絕大多數是歷經歲月淬煉而成，正如我能在週末開發出Gumroad，是因為有多年經歷打底。

當我剛開始接觸網站設計時，家長與師長們是我的首批客戶（一位社會科老師想為她的書籍製作網站，另有一位家長需要人幫忙加強在地慈善義賣的網路曝光度）。接著，我在網路論壇遇到了其他有相似思維的網站設計師，例如TalkFreelance論壇自稱是「專為網路設計師與自由接案者打造的園地」，參與者都對網站設計、程式設計、搜尋引擎優化等議題感興趣。後來，我又發現了Hacker News網站，大多數矽谷人都會匯集於此。起初我都在潛水，接著試著回覆文章，最後主動發文貢獻。而因為我在個人簡介裡寫上了推特帳號和電郵資訊，於是我開始吸引到一小群有興趣追蹤我的人！

社群是我在個人成長與職涯發展的關鍵元素，我在那裡交到朋友、建立商業關係。即使到了現在，我仍然會遇到記得我當年使用者代號的人們。那時候我沒有特定目標，只是想要融入Hacker News社群。也因為有他們的幫助，在我推出Gumroad的那個週一早晨，消息便直衝Hacker News首頁第一名，而且維持了一整天。即使我的故事才剛剛開始，這仍然證明了我已經找到跟我同一掛的人們，這個社群正是我的歸屬。

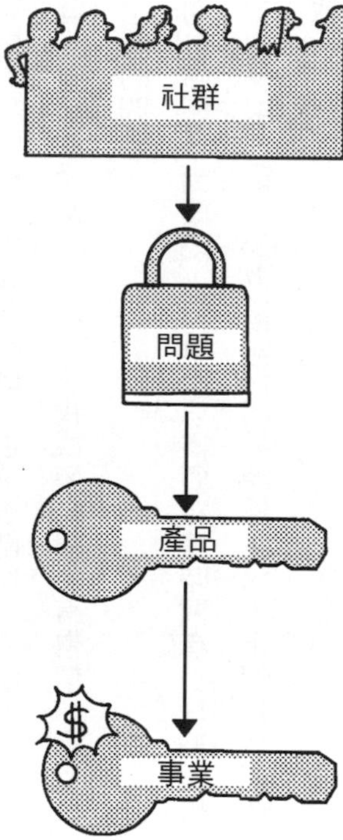

選擇正確的社群

一旦你成為某個社群的一員，你可以開始把成員所面臨的問題列成清單，然後思考你能打造什麼產品或服務來解決一項或多項問題。

每個社群都各有一組獨特的問題，極需一套量身打造的解決方案。你或許加入了許多社群，但若是想要在某個社群創造影響力，以至於最終足以發展為極簡事業時，你應該把心力專注於你有能力（也有意願）做到如下標準的社群：（一）創造長期價值；（二）建立能持續幾十年的關係；（三）為自己塑造獨特且真誠的形象。對試圖帶來正面影響力的極簡事業來說，社群是他們集中心力的方式：與其改變整個世界，你不如改變你所屬社群的世界。

你並不是隨便挑一個社群經營就好，你同時也得考慮自己的利益。你或許加入了許多社群，但不代表你想要把清醒的時間花上一大部分用來解決他們的問題。除非該社群的問題跟你有熱情鑽研的事情之間存在交集，否則你不太可能快快樂樂地經營與其相關的事業——鄙視顧客可不是理想之道。

兩項關鍵因素將決定某個社群是否值得你專心經營：社群的規模大小，以及社群成員願意花多少錢（另一個說法是「整體潛在市場」〔total addressable market, TAM〕）。這裡並不是要你找到人數最多、花錢額度最大的社群，以便從中捕捉到一%的人來經營，而是要你找到處於正中間的平衡點。社群太小，你會無法打造能夠永續的事業；社群太大，則會讓你在剛起步時要花太多錢才能做到永續，還可能在過程中引來或產生新的競爭者，導致發生削價競爭的狀況使你難以生存。

想當贏家的最佳方法，就是僅此一家。而想當那唯一一家的最佳方法，就是所挑選的社群要：大小恰到好處（Goldilocks size）、[4] 存在他們願意花錢解決的問題，而且正處於服務不足的狀態（可能是因為社群太小以至於大型競爭者無意涉足）。

Calendly創辦人托普．阿沃托納（Tope Awotona）先是為了三個截然不同的社群開設了三家公司，後來才在二〇一三年創立Calendly這家行程管理軟體公司；時至二〇二〇年，該公司每年持續性營收將近七百萬美元，比前一年成長超過一倍。不過，阿沃托納的第一家公司其實是做交友軟體，而且從未成功起步；他的第二家公司projectorspot.com，顧名思義主業是販售投影機，但業績不佳、利潤很少。他試了第三次創業，這次是賣燒烤爐具，但正如他自己所說：「我完全不懂燒烤爐具，而且也不想懂！我住在公寓裡，從來沒用過燒烤爐具。」他不只不是燒烤社群的一員，他根本不想加入！

阿沃托納在創立Calendly時用了不一樣的方法。他早年曾經當過銷售業務員，知道寄好幾封信來安排會議是一件麻煩事；在他創業並試圖販售自己的產品時，他也親身體驗過行程管理的問題。後來，在其他創業點子未能引發流行之後，他注意到市場存在一個缺口，決心要為銷售業務員社群解決——這是他關心且瞭解的社群。他表示：「創造一個有正面影響力、能服務群眾，而且你知道人們會願意花錢購買的產品，這樣的旅程不是你心裡只想著賺錢就能走完的。」儘管很多人都苦於行程管理，阿沃托納聚焦於銷售業務員專屬的相關問題，有助於他定義出他既能解決、又能商業化的問題。

這則故事對你有什麼意義呢？首先，積極參與那些社群，無論是線上或線下的。其次，做貢獻、教導，以及最重要的是要聆聽。最後，運用之前提到的方法進行過濾，以確保妳能挑到正確的社群提供服務。

那麼，你接下來的問題就會是：我該挑選哪個問題？

選擇正確的問題來解決

已故商學大師克雷頓．克里斯汀生（Clayton Christensen）曾描述，選擇正確的問題來解決，就像是一個讓你在某特定時間幫忙顧客拿到他們想拿的東西之契機。他在二〇一六年某期《哈佛商業評論》（Harvard Business Review）寫道：「（偉大的公司）真正需要全神貫注的事情，是瞭解顧客在某特定狀況下試圖要做到什麼事的思路——也就是顧客希望完成什麼事：需要完成的工作（the job to be done）。」

舉例來說，成千上萬人購買了麥當勞的奶昔。為什麼？因為麥當勞發現，「需要完成的工作」是讓獨自開車上班的駕駛們在路上有東西可喝。「幾乎有一半的奶昔銷售來自於大清早，是顧客唯一購買的品項，而且他們都是一個人開車，買完就上路。」這就是麥當勞奶昔會做得那麼濃稠的原因之一：這樣駕駛才能在一整段漫長通勤車程中仍有東西可喝。

現在，麥當勞的行銷團隊可以走進辦公室，創造一個或許只能透過他們的食物來解決的問題。接下來，他們可以耗費巨資打廣告，說服大眾確實面臨著那個問題，而人們也可以靠「聘僱」一杯

4 譯注：原文語出《三隻小熊》故事。一位名為Goldilock的金髮女孩不小心闖進熊屋，覺得不太冷或不太熱的粥最好、不太大或不太小的床和椅子最舒適。後被引申成「恰到好處」的概念，有金髮姑娘原則（Goldilocks principle）等應用。

人	嗜好／活動	問題
老婆		
媽媽		
畫家	繪畫	
我		

奶昔來做好這項需要完成的工作。

克里斯汀生的「需要完成的工作」理論相當合理，但在上述舉例中，麥當勞在執行時把順序搞錯了。他們並非由顧客觀點出發，而是從需要完成的工作著手，再砸下重金說服顧客真的有那項工作需要完成。

極簡創業家沒有大錢可花，他們也不想捏造問題給人。他們相信大家已經有夠多問題了，而他們的角色是幫助人們解決其中一項問題。

這也就是為什麼「從社群開始」非常重要。如果你試圖製造適合所有人的東西，最後你可能會做出沒人真心想要或需要的東西。一旦你知道你想幫助哪一群人，要看出他們所面臨的問題就會容易得多。世上存在的問題比公司還多，你只需要找到它們。

還是覺得很難嗎？那就抓起紙筆吧。在左邊，寫下你想幫助的人／社群；在中間，寫下那些人怎麼消磨時間（例如買洋蔥、在週五晚上製作鉛筆模樣的圖示、繪畫）；在右邊，寫下每項活動面臨的問題。表格可能會長得像下圖這樣。

表格裡的空白處，就像是一張空白畫布、一張白紙，或是一份空白的商業計畫。你想要創業以解決某個問題，但是目前還沒有任何問題供你解決。

如果你在這一步遇到困難（許多人會這樣），吸收一點經濟學常識可能會有幫助。只存在四種類型的效用（utility）：[5] 地點效用（place）、形式效用（form）、時間效用（time）、擁有權效用（possession）。你能怎麼做，讓事物更容易理解、更快速取得、更便宜購買，或是更容易取得呢？

一、地點效用：讓原本無法取得的事物變成可以取得。

二、形式效用：重組原本存在的元件，讓事物

形式效用：重組原本存在的元件，讓事物變得更有價值。

擁有權效用：移除中間商。

地點效用：讓原本無法取得的事物變成可以取得。

時間效用：加速原本緩慢的事物。

5 譯注：經濟學中，效用是指消費者從一件產品中得到的好處或用處，做為一種度量標準。

變得更有價值。

三、時間效用：加速原本緩慢的事物。

四、擁有權效用：移除中間商。

你並不是像麥當勞那樣，為人們創造了一個問題以便解決，而是試圖幫助你所關心的那群人，為他們找出生活中效率低下的問題。這聽起來或許有點抽象，所以我們把這四種效用都舉例說明吧。

一家從厄瓜多採收咖啡豆然後運送到舊金山販售的公司，改變了咖啡豆的「地點」特性。地點效用就是你為此付出的額外費用。

如果咖啡館向批發商購買咖啡豆並研磨成粉，買咖啡粉的顧客則是為了形式效用付出額外費用。（假使那些顧客去咖啡館的距離比去批發商來得短，理論上他們也為了地點效用付出額外費用。當然，許多事業同時具備多種效用。）

如果咖啡館同時還販售你自己製作得花上三天的牛角麵包，那麼你購買時也為時間效用付出額外費用。

最後，如果你決定與其不斷花錢購買咖啡粉，不如自己購入一台磨豆機來研磨，那就是擁有權效用。

theCut是提供時間效用的案例，這個應用程式能協助理髮師與顧客之間做連結，讓彼此更容易也更快速地進行搜尋、預約與付費。創辦人歐比・奧米爾（Obi Omile）和庫許・帕特爾（Kush Patel）是在花費好幾個小時苦尋自己喜歡並信賴的理髮師之後，開始想到這個創業點子。此外，跟一流理髮師做預約常常要等上許多小時，因為他們多半沒有使用正式的預約系統。theCut為顧客和理髮師都提供了效用——顧客可以節省時間，理髮師則可以找到新客戶（擁有權效用）、花較少時間與既有客戶聯絡（時間效用）、以行動支付收款（形式效用）。

奧米爾和帕特爾打造了一份很棒的事業，因為他們瞭解自己預計要服務的社群有哪些嚴重困擾。一旦你選定了你自己的社群，通往正確解方的道路也會更清晰地展現在你眼前。

解決你自己的問題

每個人都會遇到問題，「踢到腳趾」這樣的感覺是生活常態。或許你左顧右盼，認為自己過得萬事如意，你身邊的人同樣如此；也或許問題是如此明顯，你已經想好要打造某種事物來解決了。不過以我的經驗來說，大多數人並不會特別記住那些使自己吃到苦頭、比預期中更艱難或更痛苦的時刻。大腦會快速調適並接受新的狀態——大腦會認為，事情本該這麼難，或是真有一個好理由讓它這麼難，或者要改變它會太麻煩。但我認為這樣過生活是不對的。從古至今，生活就是越來越改善，而你可以加速這個過程。

Basecamp面臨過那種時刻，它們始終困擾於找不到能適當管理客戶商品的工具。創辦人傑森・

佛萊德說道：「我們試著找過能做到那件事的工具，卻只找到非常老舊的方案。對我們來說，專案管理完全仰賴於溝通，但當時的軟體製造商似乎都不這麼認為，所以我們決定自己打造管理用的工具。」

當它們發表產品時，它們已經是線上商品管理及網站設計社群的重要成員，也有著閱覽者眾多的部落格和數十名客戶。這對他們有什麼幫助？

佛萊德自己的說法是：「我們很早就認定，如果一年之後能每月創造五千美元營收（也就是每年六萬美元），狀況就算是不錯，結果我們大約六星期便達成那個數字。所以我們肯定是做了點大事。」它們準備好某件事物並展現給所屬社群，結果發現原來有許多成員遇過同樣的阻礙。

當你遇到某個問題，其他人可能也有相同經驗。在芝加哥開餐廳的尼克・科科納斯（Nick Kokonas）跟許多廚師一樣，面臨著訂位未到導致損失收益的狀況。為了解決他自己的問題，他合資

創辦了Tock，這個應用程式不只可以管理傳統的訂位需求，還導入了票券（ticketing）概念，讓用餐者可以預繳餐費和活動費用，餐廳則可以根據訂位時段的需求度，設定符合「需求定價法」（demand pricing）的價格。[6] 在二〇二〇年之前，Tock在三十個國家、兩百個城市內營運，有上千家餐廳加入，其中不乏世界頂級餐廳。而在新冠疫情期間，Tock進一步創新並推出「Tock to Go」，讓顧客可以向那些原本可能從未提供外帶或外送服務的餐廳預約和購買餐點。

這些企業和許許多多案例，都一再反覆提到「從社群開始」這件事。畢竟，如果你為其他人解決的問題，正好也是你想為自己解決的問題，可說是一石多鳥。此外，如果你打造一件商品來解決自己的問題，代表你至少會有一名顧客——這種表現可是比大多數新創公司來得好了，而且你無時不刻都可以跟那名顧客交流！

打造正確的解決方案

大多數公司無法成功，即使它們有真正解決到某個問題。這常常是因為，儘管它們打造了某項人們想要的東西，但它們並不是以正確的方式打造，也沒有具備正確的極簡創業家思維。那麼，當

6 譯注：需求訂價法為依據市場狀況，以及消費者對於該項產品心理認知與價值觀，做出不同定價。以餐廳訂位來說，即是根據不同時段給予不同的訂位價格。

你完全沒有向創投業者募集資金時，你要打造怎麼樣的企業，才會既適合你的技能與資源，又與你的使命相符，還能在市場存活？

另一個你該思索的重要問題是：如果你的事業實現了其潛力，假使把它推廣到全世界，可能會帶來什麼正面影響力？這並不是要你尋找用於首次公開募股（IPO）的說詞，而是要做為指引公司創辦人及其員工的一盞明燈。

我會使用以下標準：

一、**我會熱愛它嗎？**打造事業既辛苦又費時，可能會花上許多年，而且你越是成功，就得花越多時間管理，所以找到你想鑽研的事情、你願意共事的人們會非常重要。要打造成功的事業，你必須創造某種人們熱愛的事物；而要堅持下去，你則必須打造你樂於致力其中的事物。

二、**它天生帶有商業化潛力嗎？**一項有價值的事物，應該要有明確的路徑來向人們收錢，而且讓人感覺那樣付費理所當然。如果那條路徑有道理，它就能賺到錢。

三、**它有沒有內生成長的機制？**二〇二〇年時，Gumroad的營收僅僅因為口碑相傳便幾乎加倍。在這個案例中，Gumroad的使用者不可能用了它卻不分享給其他人，也因此我們始終可以把銷售與行銷的功夫「外包」出去——我們的顧客幫忙做完這件事了，他們的顧客會來使用我們的平台。許多極簡事業都能做到這一點，這格外是因為當你打造出優質產品時，使用者會想要告訴其他人，而那些人最終也可能會想要這項產品。

四、我是否天生擁有正確的綜合技能來打造這項事業？舉例來說，如果需要大量的商務開發或業務拜訪，才能讓這項事業順利發展，你卻極端畏懼與人交談，那麼這項事業很可能不適合你。眾多事業等待你著手打造，挑一個適合你的吧。

一本書不可能完整講述開創任何事業時所需要知道的每件事情，關鍵其實在於引領你釐清頭緒的思路歷程。你需要擁有正確的思維，並且知道要自問哪些問題。自始至終，你都要把你的事業視為協助某位顧客解決問題的工具，而不是賭運氣的彩券。

消滅你的疑慮

最後，即使已經想出讓你興奮的創業點子，你也有信心把它打造成型，你終究還是會有產生疑慮的時刻。請讓不只願意對你直言不諱，也願意在你舉步維艱時發聲激勵的同僚和導師圍繞著你。畢竟，大家還是需要被加油打氣，光是接受忠告仍有不足。激勵人心（以及受到激勵）的創辦人和領導人並非渾然天成，而是人工打造，只要有充足的耐心、指引與誠意，每個人都做得到。

一項極簡事業可以與你並肩而行，它會隨著你的成長而成長（細節將於第六章詳述）。如果我說天賦才能完全不重要，那自然是在騙人，不過長期來看，真正造就偉大的事業及其創辦人的特質，其實是大量的堅持。而最大化成功機率的方法之一，便是專注於較小規模的產品，在你核心所屬的社群中發展，並且對自己是否有效率地解決某個問題坦承以對。這也就是為什麼，小心謹慎地向你已經建立關係的社群進行銷售是如此重要。

當你心生懷疑——而且你肯定會有疑慮——就回到「你已經啟動創業了」這項事實。到目前為止，你具備了：（一）專注於一項符合使命且有待解決的問題；（二）想出了幾個既有利潤、又有永續性的點子來解決那個問題，而且適合自助創業（bootstrapped business）。從這裡開始，你唯一需要做的事情，就是不斷走下去。

▲重點整理

- 社群引領你發現問題，問題引領你開發產品，產品引領你開創事業。
- 一旦發現適合你的社群，便抱持著「當上社群要角」的心態開始做出貢獻。
- 選擇正確的問題（或許也正是你面臨的問題），並確認其他人有同樣的問題，接著再確認是否有適合你的相關事業可供開創。
- 如果有疑慮，一律回到社群。他們會幫助你不斷走下去直到成功。

▲延伸學習

- 閱讀〈一千名真實粉絲〉(1000 True Fans)這篇由凱文・凱利(Kevin Kelly)所發布的部落格文章：
- 閱讀由貝莉・理查森(Bailey Richardson)、凱文・黃(Kevin Huynh)和凱・艾爾瑪・索托(Kai Elmer Sotto)合著的書籍《聚合：如何與你的支持者共建社群》(*Get Together: How to Build a Community With Your People*，Stripe Press，*2019*)。
- 閱讀《我們如何聚會》(How We Gather)這份由卡士柏・特奎勒(Casper ter Kuile)和安琪・瑟斯頓(Angie Thurston)所提出的研究報告：
- 聆聽Calendly創辦人托普・阿沃托納(Tope Awotona)在由蓋伊・拉茲(Guy Raz)主持的播客節目《我怎麼打造它》(How I Built This)所接受的訪談：
- 在推特追蹤安妮-勞倫・勒康夫(Anne-Laure Le Cunff, @anthilemoon)，她成功經營一個由創客、社群建立者、創作者等成員組成的線上社群。

3

做得越少越好

製作人們想要的**某項事物**。

——Y孵化器（Y Combinator）

製作**人們**想要的某項事物。

——我

小而美，當發端

前一章的所有內容，都是關於為一群值得我們協助的人們，找到值得解決的問題。而在這一章，我會解釋你該如何發展你的創業點子，以及如何分辨哪些事是當務之急，哪些則可以等到創業之後再做。知識很重要，但氣勢也很重要，你不會希望自己把時間花在煩惱要學習哪種程式語言這類瑣事，反倒使你永遠無法開始製作夢想中應用程式。尤其在創業初始，極簡創業家必須專注於真正重要的事情，而不是試圖在同一時間學習和處理所有事。

雖然作家常被指示去「寫出你所知道的東西」，不過對創業家來說，這個過程並沒有那麼單純。當你創業時，你常常是設想了某項從未被實踐的事物，可能是一件產品、一種服務，或是一套商業模式。儘管如此，大多數成功的極簡創業家，就算他們並沒有對所要開創事業的一切內容完全知曉，也不見得非常清楚如何起步，但他們至少會對該事業的某個面向具備了紮實的經歷（或興趣）。

以我來說，那個面向是設計美觀且易用的軟體。當iPhone應用程式商店在二〇〇八年推出時，我是它第一波的程式開發人員。這並非因為我下定決心要藉此創業，而是我聽從熱情與好奇心之舉。

遺憾的是，根據我與那些抱負不凡的創辦人交流的經驗，那一刻正是大多數人認定自己不適合創業的時刻。他們雖有熱情，卻在自我懷疑油然而生之時，自我說服他們缺乏自以為有需要的硬技能，例如iOS平台程式設計能力或是財務建模能力。讓我告訴你一個祕密：每一位創辦人，就算是最成功的那幾位，在剛起步時都是一無所知，從頭開始學起。重點在於興趣，而不是技能。與其在意於你不知道的事情，不如專注於你知道的事情。

想打造事業，你不需要有一支團隊、一大筆錢或是一張學歷。你不需要做出實物或懂程式碼，才能讓你的點子成真——至少一開始不用。你稍後或許會需要，不過當你手握人們真心看重的產品時，那些事情會比你想像中更容易且更便宜地取得，甚至時常是主動找上門。如果你真心有熱情去解決某個問題，你會逐一克服路上的所有阻礙。如果你的使命是服務客戶，你可以學習真正需要知道的事情，然後把其他事交辦出去。你只需要搞清楚哪些技能、知識和經歷，會跟你心目中的事業有交集，然後把這些強項發揮到極限。果斷行動，做就對了。

Interintellect創辦人兼執行長安娜・嘉德（Anna Gát）決心要打造一個平台，讓人們儘管在公共知識

分子與政治空間日益極端化的現況下，仍然有和平分享意見的園地。她這個念頭起源於英國脫歐和美國二〇一六年總統大選。嘉德感覺到重大的文化轉移正在發生，未來幾年世界將有所變貌，而她很渴望參與其中。這個創業點子很大膽，不過她幾年前曾經是匈牙利女權領銜網站暨活動社群的共同創辦人，還因此獲頒年度傑出女性獎項，所以她已經克服過類似的挑戰了。如今，她專注於打造協作空間，鼓勵意見衝突的人們取得共識。她推出的第一代產品，是一個瞄準學術人士使用的平台，能促成對立的交流和研究。但幾個月之內，她便發現跟這個社群的互動過程比她預期中緩慢得多，她打造的產品難以規模化。

她的第二代產品野心更大，是一個能透過人工智慧來促進公眾討論的通訊軟體。兩年間，她全心投入了精力、金錢與時間，日夜匪懈且花掉每一分錢來開發與測試新平台。遺憾的是，在商品接近推出階段的時候，那些曾在市場初步研究時表示有興趣使用此軟體的人們，已有許多人變得沒那麼感興趣了。

嘉德說：「那時我鐵了心要堆砌科技。」而且整段過程花了大錢又費時，她實在捨不得放棄。不過在同一時間，她也舉辦各類能讓參與者分享意見和構想的實體聚會。她沒把這些聚會當成事業經營，可是她知道自己在不知不覺中，已經創造出她一直在尋找的活躍知識社群——只不過，是那些聚會而非通訊軟體讓這件事情成真。

她的生涯一直離不開科技，所以開一家跟科技完全無關的公司，讓她感覺違反直覺。不過，她終究放棄了那套通訊軟體，轉而追尋她在聚會社群中所感受到，充滿能量與樂趣而且「更宏偉」的點子。如今，Interintellect使用能反映出她的顧客想要且需要的低技術系統化解決方案，業績穩定成長，實現了她的原始夢想。

本章稍後會再進一步討論Interintellect這個案例，不過我能理解為何許多人士在創業時，會以運用軟體或科技的方式做為第一步。我也喜歡，不過在創意過程的初始就那樣做會造成太多限制，導致風險太高、太嚴肅、太昂貴，而且太有壓力！我並不是說你不該在起步時擬定工程面策略，只是在提醒你，在創造能啟動你的極簡事業的過程中，你不需要直接進到寫程式那一步。

世人都說，「做強做大，不然別做」，但我的意見是，「小而美，當發端」。而你在起始時所能做到的最小一步，就是什麼都不製作。與其直接跳到使用軟體，你不如先拿起紙和筆。

從流程開始

每個巨大的點子起初都是微小的。如果你不從小處開始，如果你不能一個一個幫忙人，你將很難圍繞著你的點子打造出事業。放下你的自尊，忘掉你對資金和軟體的顧慮，全心專注於你的第一位顧客，運用你的時間與專業，為真實人群解決真正的問題。

如今，人們認識你、信賴你，甚至可能會主動尋求你的專業，這時你可以開始用系統化、可重複的方法來幫助他們，讓這個方法能夠持續改善與迭代。等你服務完第一輪顧客，把整個過程記錄下來，以便讓你未來面對顧客時有指南可參考。這份文件會是你事業中真正的MVP——這裡我不是在說「最小可行性產品」（minimum viable product）這項大家都會嘗試打造並推出的東西，而是指「人工作業的有價值流程」（manual valuable process），它先於最小可行性產品發生，而且會是你創業路上的事業基石。

有條不紊地創造這種人工作業的有價值流程，並且記錄此流程中你所施行的每一步，能夠幫助你分辨出哪些事行得通、哪些不行，也能協助你發現人們是否需要或願意購買你所製作的東西。CD Baby創辦人德瑞克．西佛斯（Derek Siver），在他的著作《你想要的一切》（*Anything You Want*）[1]中寫道：「如果你想做一個電影推薦服務，一開始你可以跟朋友說，想看電影可以找你問推薦；如果朋友喜歡你推薦的電影，要他們買杯飲料請你。記錄你推薦了哪部電影，以及朋友為何喜歡它，然後據此改善。」

遺憾的是，英語並沒有一個專有字彙來描述這個行為，所以我自己造了個字：

流程化／processize（**動詞**）

釋義：將之轉變為流程。

例句：在他們對朋友進行測試之後，他們把推薦系統流程化。

字典實在應該收錄這個字，因為若想以正確方式走在創業路上，它會是非常重要的關鍵。很可惜，許多人跳過這一步，直接從「發現問題」跳躍到「打造產品」，沒有先確實學習「要打造什麼與如何打造」，結果步履蹣跚、終至失敗。儘管流程化是一個便宜又快速的探索過程，它其實是不可或缺的一步。納瓦爾・拉維肯曾說：「創造產品是一種探索的過程，並非只靠實做。科技是科學的應用。」

如果沒做流程化，你可能會認為自己已經知道顧客真心想要什麼，甚至可能是顧客親口告訴你，他們想要什麼而且願意付錢。但從之前嘉德的經驗裡讓我們知道，空口說白話的狀況屢見不鮮。除非你完整走完「解決客戶問題並且（最終）收到費用」的流程，否則你無法確定他們真心想要而且願意付錢的東西是什麼。你必須等到你能夠完美（或至少是足以讓人接受的程度）解決某位顧客的問題之後，再去考慮規模化。如果一切順利，自然是一件美事；如果行不通，你可能會理解到，儘管你希望擴大規模，顧客卻沒興趣，這時你或許會想要嘗試別的創業點子。

Endcrawl.com是一項奠基於流程的極簡事業，創辦人「普林尼」約翰・艾若米克（John "Pliny" Eremic）曾經營一家電影後製公司達八年，並看到電影工作者苦於製作片尾感謝名單，需要羅列全劇幕前幕後的參與者、場所與機構。他與共同創辦人亞倫・葛洛（Alan Grow）知道，肯定有更理想的方式，讓不斷修改與更新感謝名單的作業可以變得沒那麼痛苦，最明顯的解決辦法便是用某種軟體來管理。但他們並沒有從那個角度起步，而是建了一張Google表單，並用Perl語言寫了一個能生成片尾感謝名單的簡單腳本，藉此輔助他們瞭解客戶需求和確認核心設想。他們一開始的流程是像這樣：

1 編注：《*Anything You Want*》，Derek Siver，Portfolio，2015。

一、首先，他們會給客戶一張Google表單，內含他們的片尾感謝名單格式規格。
二、客戶可以編輯那張Google表單，愛改多少次都行。
三、當客戶想要新版片尾感謝名單的影像「算繪」（render）或是影片輸出，可以發電郵索取。
四、普林尼或葛洛會以人工作業，把Google表單匯出為CSV格式檔案。
五、然後再以人工作業，把CSV格式檔案匯入Perl腳本。
六、接著再以人工作業，把輸出的檔案上傳到Dropbox。
七、最後再以人工作業，發電郵告知顧客檔案下載連結。

過去電影工作者可能要等上一整天才能拿到成品，但原來整套流程即使以人工處理，也只需要大約十五分鐘。此外，這樣做也讓客戶可以自行控管資料，並且只需支付固定費用就能無限次修改到好。對客戶來說，這只是讓他們的生活好轉一點：但對普林尼和葛洛來說，這是一個探索的機會。

最後才製作

就算已經幫完最初幾位客戶，對於你所選擇的那個問題，或許你還是沒辦法完全確定自己要怎麼協助所屬社群解決。這時候，最簡單的起步方法之一，就是自由接案。販售你的時間雖然無法像其他事業那樣容易規模化，不過它可以更快讓現金流呈現正值，使你有餘裕思考下一步要怎麼做。

以我的經驗來說，許多頂尖的極簡事業，一開始都是從自由接案或當成副業做起，後來才進化成有望成功、具備長期成長潛力的公司。當你思索自己究竟要打造哪種事業時，底下這幾條路線可以幫助你以最快、最有效率的方式，創造既有利潤、又有永續性的事業。

- **販售你的知識，透過數位內容（如影片、電子書、播客和課程）教導別人。**被領英（LinkedIn）於二〇一五年收購的Lynda.com，是從一本書和一系列由琳達·韋恩曼（Lynda Weinman）主導的實體工作坊發展而來。在網路泡沫破裂的二〇〇一年，韋恩曼與丈夫布魯斯·海文（Bruce Heavin）製作了關

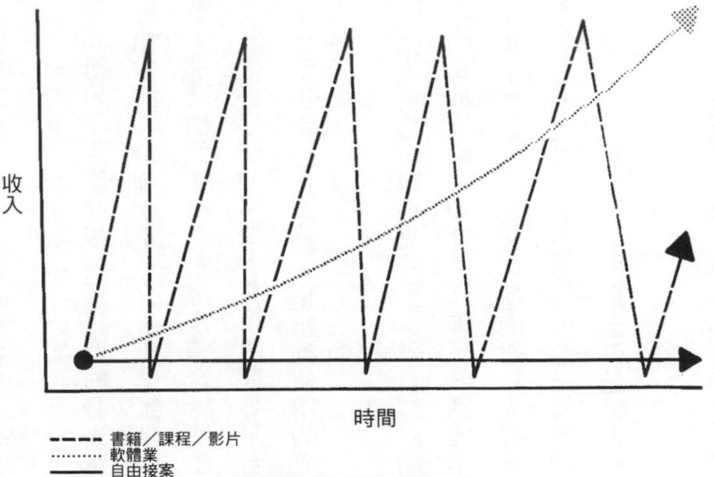

各類開發人員的自營收入

於網站設計的線上教學影片，並提供訂閱服務（當時那還是一個嶄新的概念）。起初這項事業似乎難以存活，但隨著Lynda.com的訂閱人數從幾百人成長到幾十萬人，他們的產業影響力也直衝天際。

- **販售一個實體產品**（**一般商品或特製品**）。Noxgear為跑者和單車手生產能提高可見度的發光背心，這個點子起源於創辦人湯姆・華特斯（Tom Walters）和賽門・可倫（Simon Curran）為了參加夜間飛盤爭奪賽而試製的服裝（後來發展為Tracer360款式）。那時他們在市場上尋找適合給清晨或深夜運動人士穿的衣服，認為自己發現了商機，於是做出商品原型，並透過群募平台Kickstarter賣出初始的五百件背心。後來他們又增加了Lighthound產品線，是給狗使用的發光牽繩。
- **連結人群，並收取定額或比例式的費用**。Craigslist原本是克雷格・紐馬克（Craig Newmark）向朋友發送的電子郵件清單，記載了舊金山灣區值得一遊的在地活動。如今，它每年能創造十億美元以上的營收，而且僅有不到一百名員工。不過，除了Craigslist這樣典型的連結人群案例，其實還有很多作法。例如People First Jobs（我們會在第七章討論它的文化與招募方式）是就業網站，連結了企業與求職者，其間通常會收取固定費用。另有如Product Manager HQ是線上社群，連結了相似思維的人們。
- **按需即用軟體**。Yac的創辦人賈斯汀・米契爾（Justin Mitchell）及其團隊，在二〇一八年的時候，想到了以軟體優化遠距工作效率、大幅降低分心的創業點子，因為他們看到市場上有個尚未被滿足的需求：遠距工作者苦惱於需要不斷處理Zoom的會議要求，或是令人分心的Slack訊息。四天之內，他們便打造出產品的初代版本，後來演化成他們在Product Hunt網站舉辦的「創客節」活動之中，推出的非同步語音通訊軟體。儘管Yac的平台、整合功能和特點逐漸增長，它的開發初心都來自於「排除干擾」這個微小的點子。

上一章我們提到了四種經濟效用：地點效用、形式效用、時間效用、擁有權效用。當你要發想產品時，你或許可以把上述四條路線配上這些經濟效用，藉此釐清哪種事業會最適合用於對付你想為客戶解決的問題。舉例來說，線上同群課程（Cohort-based course，數位內容），或許可以幫想要學習新技能的人節省時間（時間效用）。又如，自動化某種人工作業（按需即用軟體），可以透過製作軟體達成（形式效用）。

假以時日，你的事業可能會有兩種以上的產品或服務，但在創業初始，你應當選擇並專注於其中一種，然後開始努力。一般來說，你應該挑你馬上可以開始執行的那一種。

切記在一開始的時候（或說自始至終），你並不需要全盤熟知自己正在做的每件事情，其實許多人在第一次打造時都做錯了。很可能你是在打造別種你自以為該打造的事業之時，才發現你真正應該打造的那種事業。Tailwind UI的開發者亞當．華森表示：「想要找到一個按需即用軟體的好點子嗎？去創業，什麼行業都好。你很快會發現，所有你在營運公司時得花錢購買的現存工具都很難用，沒多久你就會有一大堆想要自行打造的東西。」

如果你出師不利，回到原點，歸零後再試一次，你做過和學到的事情都不會是白費功夫。具備永續性和成長性的事業，需要許多年才能完整發展，而因為你的事業會促成你隨之成長，你有時間在每一道過程中做出調整，學習成功所需的必備技能。這也是因為你並非以「獨角獸」的思維來創業——用創投業者馬克．安德森的說法，這叫「用三分鐘烤好蛋糕」。你就像是用慢燉鍋來細火熬湯，綜觀全局、面面俱到。

此外，如果你沒有一心往前衝，代表你有時間跟顧客交流，有時間讓產品迭代，也有時間測試你的假說。

測試你的假說

一項事業的假說，就有如你在五年級自然科學課堂上學到的那樣，是指對某個尚未解決的問題所提出的可能解方。它必須能夠加以測試(意指可以反覆且獨立地進行測試)，而且具有可否證性(意指可被證明有誤)。

假說的舉例之一：我的顧客會支付一筆定額的額外費用，好讓他們的片尾感謝名單不只能夠更快速、更有效率地製作出來，還能不限次數地進行算繪。

每項事業都是從對真實客戶測試某項假說而開始的。如果你只有一位客戶，你可以把自己的新創公司當成會對客戶提供高規格服務——這可能是代表用電話聯繫對方，或是約在當地的咖啡館見面，協助對方解決他們的問題。

之所以跟客戶開會討論，是為了驗證那項假說。測試會消耗時間，當假說有誤時坦率反省也會消耗時間，不過你會寧願在風險仍小的當下發現便自己做錯，也不要在你鑽研五年並投入個人資金，試圖把你的創業點子打造成型之後，才驚覺這項事業從一開頭就沒有存在價值。

當你試著驗證自己的假說時，不要詢問誘導性問題，那樣的問題會使人們說出你想聽的回答。你應該思考如何創造作家兼科技企業家羅柏・菲茲派翠克（Rob Fitzpatrick）於著作《媽媽測試》（*The Mom Test*）[2]所提到的回饋循環（feedback loop）。當你提問菲茲派翠克所推薦的問題——那種連你的媽媽都無法對你說謊的問題——你就能得到坦誠無欺的真相，因為沒有人會想到你心底其實有個創業新點子，正在測試它是否可行。舉例來說，你不該問：

你會花錢買我的產品嗎？

而是要問：

你為什麼到現在都還沒有辦法解決這件事？

2 《*The Mom Test*》，Rob Fitzpatrick，CreateSpace Independent Publishing Platform，2013。

許多事業沒辦法用這種方式證明可行與否，不過它們也並非我們會有興趣打造的事業。我們的目標事業，是一個可以從小規模開始測試，又能隨時間演進而逐漸規模化的事業。

這種做法的另一個好處是：你可以收費。如果你正在真誠地幫助某人，你不需要等到你擁有可供販售的產品之後才開始賺錢。你可以像普林尼或葛洛那樣做，即使他們當時技術上來說並沒有「產品」，還是可以因為所付出的時間而收費。

在他們的案例當中，他們所創造的流程證明了假說：電影工作者願意付錢解決「完成片尾感謝名單」這個問題。你的第一個點子或許不怎麼順利，但這完全不要緊，因為大部分的實驗都會推翻假設。你是先驅者，試圖創造某種尚未存在的事物，在釐清客戶真正所需的過程中，你勢必會一錯再錯。只要你透過流程化來往對的方向前進，那麼你只需要正確一次就足夠了。

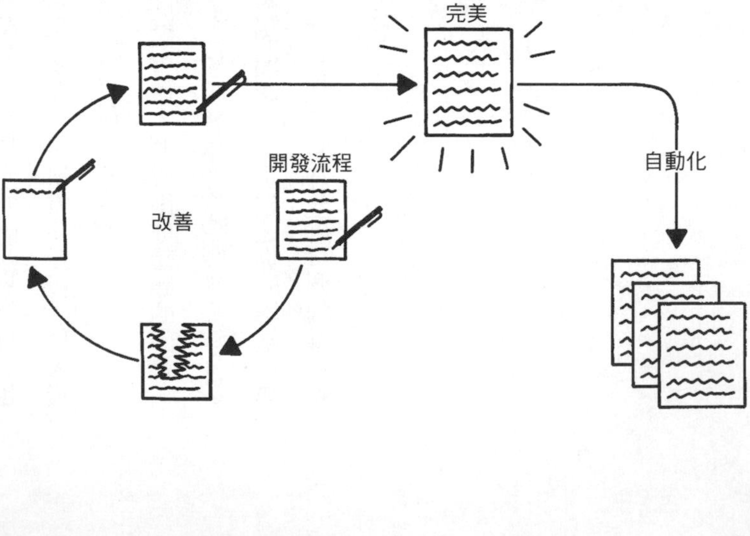

而當你終於抵達正確解方的時候，你便會擁有一份詳述這個完美流程的文件，因為當你一步步協助某人解決問題時，你在抵達正確解方之間的每一步都會加以改善。這個流程可以讓未來的顧客從一無所知轉變為略有所聞，它是一種你可以分享（或許發表）的東西。你沒有賺到一毛錢，你未必開創事業了，不過根據Y孵化器創辦人兼諸多事業名家保羅・格雷厄姆（Paul Graham）的說法，這時你已經能提供「量子效用」（quantum of utility）：當至少有一組用戶在聽到這個消息時會很興奮，因為他們現在可以完成以前做不到的某件事。

把一件事情做好

在我開始進行研究、寫程式或品牌塑造之前，我為自己及所屬的創作者社群，挑了一個單純的問題來解決：如何販售數位檔案給顧客。基礎假設很簡單：人們開始在網路上建立事業，儘管有些人是透過社群媒體而非網站或部落格來取得巨大成功，但當他們需要販售所製作的產品時，他們仍然希望找到一個平台，具備便於通知顧客前往與收費、能以精簡化的方式傳遞數位檔案等特質。

就像所有的好產品一樣，Gumroad一開始真的只做一件事。起始版本的Gumroad網站寫道：

一、**上傳一份檔案或是一個有價值的連結**。從某個獨家應用程式的下載連結、某篇祕密部落格貼文，到某個你花上幾小時設計的圖示，什麼內容都行。

二、**分享它**。就跟你以前分享任何連結一樣。你可以自行設定價格。你不需要創建網路商店，也不需要做任何管理。

三、**開始賺錢**。就這樣了。Gumroad會在每個月的最後一天，把你賺到的錢匯入你的PayPal帳戶。

如果你認為打造像那樣的應用程式會很複雜，知道以下這一點或許會有幫助——網路上大多數的應用程式，都是由兩個元件組成：表單（form）與列表（list）。以推特為例，它有一個讓你用來發推文（僅限一則）的表單，以及一個讓你閱覽所追蹤對象推文的列表。

這些應用程式通稱為CRUD應用程式（CRUD Apps），因為使用者可以執行四種動作：建立（create）、讀取（read）、更新（update）、刪除（delete）。推特甚至不讓你修改推文！

Gumroad符合這個模型。起初，我讓創作者可以建立、編修和刪除產品，也讓消費者可以閱覽（也就是讀取）產品。Stripe讓線上支付變得更容易，PayPal則有助於匯出款項給賣家（儘管一開始是用人工處理）。

那時候Gumroad還沒有檔案上傳服務，你得明確告知顧客在購買後要去哪裡獲取產品，例如給一個YouTube連結。我甚至沒有把賣家款項匯出和抽成計算的業務自動化，全都靠人工處理。

構成Gumroad的應用程式，其實只是一個內含兩千七百列程式碼（而且大多是剪貼而來）、以Python語言撰寫的單一檔案，虛擬主機架在Google雲端。（我已經開放分享它的程式碼，下載連結請見本章末尾。）不過它行得通，能夠解決那個問題！於是我就把它發表上市了。當然，它還沒準備好面對大眾，不過十年下來，Gumroad感覺上還是準備不足，我認為它永遠都不會準備好。

等等——程式裡沒有包含匯出款項功能？對，沒有！取而代之，我在每個月底會把所有人的電郵信箱和帳戶資訊做成一張清單，然後一個個手動匯款。後來我開始加入一點自動化功能，不再親自從資料庫剪貼資訊，而是寫程式讓它自動下載並製成清單。再之後，我利用PayPal的應用程式介面（API）寫了個腳本來處理匯款事宜。

還有其他問題需要解決。例如，不管你是在八月一日或八月三十日完成銷售，你都會在八月三十一日收到款項，這代表有人會利用這一點進行詐欺，在付款日之前的幾分鐘內大量販售，藉此規避我們查核並封鎖那些交易的能力。我們之後因此在付款方面增加了七天緩衝期，幸好在這項規定上路之前的一、兩年之間還應付得來。

隨著時間進展，我們幾乎把所有事情都自動化了，這也對我後來必須獨自營運的時候幫了大忙。可是，我們並不是從一開始就直攻那一步！起初，我「僱用」我自己來營運，接著我為此打造了一套流程，然後我們把流程中的各部分轉化為產品，如今各步驟都已自動化。

我該打造什麼？

到了今天，流程化已是我們在Gumroad一再反覆施行的概念。我所做的每一件事情都會列在一張紙上，公司裡的所有人都可以閱覽。即使我休假，其他人也能接手我的工作；就算我被公車撞倒，公司也不會破產倒閉。一旦你有了這張魔法紙張，你就可以把流程轉化為產品——這次我們就不必再造新字了，因為已經有詞彙描述這件事：產品化（productizing）。

產品化的意思，單純是「把一組流程發展為某種你可以販售的產品」。在流程化這個階段，你為自己創造了一組人工作業的有價值流程，然後打造出一套系統，讓你能夠以有效且高效的方式來幫助每位客戶。如今，你已經準備好產品化了——意思是，你把每一項單獨作業自動化，讓人們可以加入、使用和購買你的產品，過程中你完全不必涉入。

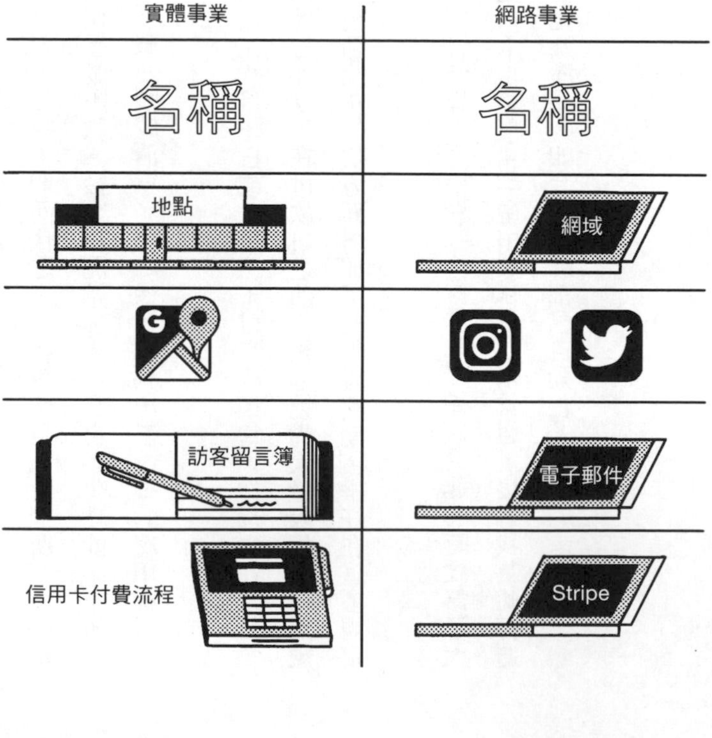

如果流程化是代表你如何規模化一組人工作業流程，那麼產品化則是代表你如何進行全面自動化。就像在你的當地社區具有實體店面的事業，需要某些基本必需品才能開始營業，你的極簡事業也一樣。而假如你需要往回退幾步，別擔心，因為這正是流程中的一部分。

- **為你的事業取名**。在你告訴任何人你的產品之前，你會需要一個名字。我偏好那種把兩個字合而為一的名字，因為我發現這樣會比造一個新字來得好記；我同時認為這種名字有助於口碑擴散，因為大家都知道要怎麼拼寫它。這也叫做「廣播電台測試」：如果有人在廣播節目上聽到你的事業名稱，他們有辦法用Google搜尋它嗎？Gumroad、Dropbox、Facebook都遵循了這個模式。不過老實說，你的事業名稱真的沒那麼重要——這是Gumroad創辦人的親身體驗。如果你成功了，你的事業名稱自然會感覺有道理。
- **架一個網站、設一個電郵信箱**。實體商店在網路上的對應項目即是網站。而要架網站，你需要大約花費十美元（每年續約）購買一個網域，然後把它連結到網站架設平台，例如Carrd、Gumroad、Wix等等，這一步大約每個月花費十美元。為你自己設一個符合該網域的電郵信箱（例如sahil@gumroad.com）以及密碼管理器。
- **建立社群媒體帳號**。你會需要兩組帳號，一個是你私人使用，另一個則是用於你的事業（理由會在本章稍後談到行銷時說明）。
- **讓顧客便於付款**。去取得一個Square或Stripe的帳號，這一類的支付服務供應商，能協助你在線上或實體收取信用卡款項。註冊它們的帳號不用花錢，而是在每筆交易收取大約二・九％外加三十美分的費用。（你或許還會想要開設有限責任公司，不過我傾向等到有了幾位客戶之後再認真投入。）

現在你的事業已經準備好接受第一位客戶了。如果有人問你在忙什麼，你可以給他們一個連結去瞧瞧（甚至結帳！）。剛開始的時候，連結裡的內容應該要用來解釋你的產品能做到哪些事，並且為那些可能對這項產品感興趣的人們提供一個詢問信箱，即使你可能尚未做出產品。只要有機會，你可以也應該跟潛在客戶互動與學習。

一旦完成上述這些事，你就可以開始打造了。至於要打造什麼？做得越少越好。我們會在下一章討論到如何發表產品，不過這一章主要是關於如何打造，代表你得開始推出東西，而推出東西代表你應該從近乎一無所有開始做，因為這項工作是盡可能快速地為你的社群／客戶帶來價值。他們並不想等待！

限制帶來創意

如果你是一位極簡創業家，在創業早期階段最重要的事情是自我克制。如今你開始產品化了，你必須加入更多限制。除了讓你的產品只做好一件事（至少起初如此），還有其他方法能協助你抵抗誘惑，避免你試圖在同一時間做好所有事……或是企圖把產品盡善盡美。

每當我想要打造某項新事物，我會問自己以下四個問題：

一、**我可以在一個週末做完它嗎？**大多數解決方案的第一代版本，可以也應該在兩、三天之內做出原型。

二、**它能讓我顧客的生活變得更好一點嗎？**

三、**會有顧客願意向我購買它嗎？**讓事業從第一天開始就能盈利極其重要，所以創造某種有價值到人們願意付錢的東西便是關鍵。

四、**我能快速獲得回饋嗎？**確保你所創造的商品，可以讓人們快速向你反應你做得好或壞。你越快獲得回饋，你就越能快速打造出某種真正有價值、值得人們付錢的事物。

請注意，產品多美觀或程式碼寫得多漂亮，都與我們所提到的限制無關。這也是另一個「做越少越好」的理由：讓你坦承面對自己的產品究竟有多少用處。一件美觀或擁有優良行銷的產品，可能會使人感覺它比實際上更有用。可是如果你的產品極度簡化而且有用，人們寧願忽略它的粗陋之處也要使用，你就知道你做對事情了。

Craigslist就是一個完美案例。它始終不美觀，但它一直運作得很好，所以美不美觀並不重要；也因為它實在太有用，後來激發出一大堆效法該模式的新事業。我們在這裡的目標是做出某種「夠好」的東西——夠好到可以展現給其他人，夠好到他們願意購買。絕大多數的狀況是，這個「夠好」遠比你想像中來得精簡。

瑞安．胡佛（Ryan Hoover）只用了一份電郵清單和LinkyDink（這是一套能創造每日協作電郵摘要的工具）便推出了Product Hunt，這是一個給產品發燒友分享和暢談的網站，主要話題涵蓋最新行動應用程式、網站、硬體專案和科技新品。整件事發生得很快，胡佛說：「在感恩節假期間，我們開始設計和打造Product Hunt……五天之後，我們便有了一件非常簡化但功能完整的產品。我們把能連上Product Hunt的連結寄給支持者，並請他們不要外傳。這些支持者很興奮地參與其中，暢遊這個他們曾經想過且間接協助建立的測試版網站。那一天我們有了第一批三十名用戶，到了當週結束，我們已經有一百名用戶，感覺已經準備好把Product Hunt分享給全世界。」

Product Hunt打從一開始便氣勢洶湧，讓胡佛明白這個計畫值得他積極投入。他白天的工作是為遊戲開發者製作開發工具，這讓他有時間與空間去實驗自己的計畫（詳見自由接案），而且他對自己想把Product Hunt打造成何種樣貌已有明確想法。他知道自己毋需重新發明輪子，直接使用類似Reddit的格式即可。但因為他並非工程師背景，他發現自己不禁自問：「我要怎麼打造它？誰能來開發它？」不過他沒有被這些問題拖住腳步，最終決定以電子報（newsletter）這種超級快速又不用寫程式碼的方式來讓計畫正式啟動，並給自己這個點子注入些許信心。

胡佛跟我一樣，不認為創業必須從寫程式碼做起，他說：「從做個人們會喜愛的爛東西開始。」隨著越來越多新事業（或許你正在努力的事業也是其中之一）致力於改善創業基礎設施，以不寫程式碼的方式打造最小可行性產品，已經變得更便宜、更快速且更容易做到。這代表你不應該等到明天才開始創業，因為進入門檻越低，你要面臨的競爭便越多。

整個趨勢很單純：民主化。今天軟體工程師能夠做到的事情，明天所有人都做得到。這代表你需要知道的事情變少，能夠做到的事情卻變多。就算你提供的是人工服務或實體產品，你仍然可以借助某種軟體，盡可能讓你所提供的服務更有效率。每一項事業某種程度上都屬於科技賦權（tech-enable）產業，即使終端產品看起來不像。

例如，假使你正在打造軟體事業，你可以造訪Makerpad.co，學習如何在不寫一行程式碼的前提下，連結Gumroad和Carrd到你的網站以便接收訂單。而當你準備要自動化你原本採人工處理的訂單履行流程時，也可以從該網站學到如何增加Airtable、Google表單和MailChimp功能。還有像Notion這樣的產品，我們用它來協助營運整個Gumroad公司；Zapier這樣的服務，則可以讓你自動化連結你所使用所有軟體。說真的，去逛逛Makerpad，你會很驚訝於自己即使不寫一行程式碼，也可以打造出那麼多東西。

正如你把幫助人們的工作流程加以流程化，這些工具能把你事業的內部功能流程化，並在之後產品化。而或許最重要的是，它們可以幫你省錢。如果你在打造軟體類商品，在你聘僱第一名工程師之前做完越多功能，你就越有機會達成盈利；而你走得越遠，你就能聘僱更好的員工。（高手主動找上門的狀況，常常比你想像中更頻繁！）

盡早推出而且常常推出

創業是攸關快速回饋循環和迭代的一堂課。想像你身在尋寶船上，可是你的雷達每年只能運轉一次；再想想，如果它能每個月、甚至每天運轉呢？這艘船就有如你的事業，而寶藏是「產品與市場相契合」。

你犯錯的次數會很多，而你的目標是盡快讓自己錯得越來越少，這也就是為何盡早推出而且常常推出會那麼重要。舉例來說，Gumroad在十年之間從來沒有推出「第二代版本」，而是做了上萬個（真的有那麼多！）漸進式的大型改善。每一次我們都超越客戶的期待，讓他們的心態從「我下次或許會想要它」，變成「我現在就需要它」。

你要努力脫離「時間直接換成金錢」的狀況，因為你的時間遠比所獲取的金錢更重要，一有機會就應該樂於改善。假以時日，你可以提昇時間換成金錢的比率，但你自始至終都該清楚其中差異。

例如，假設你目前是以每小時十美元的價碼來幫助別人，你可以設下每小時賺二十美元的目標。要達成目標，你可以靠著打造軟體工具來讓工作速度變成兩倍，或者你可以增加所提供服務的需求，讓你可以提高開價。最終，你每小時將能賺進相當於上千元的收益，不過在創業初始，你的目標仍然是學習並且盡快迭代。畢竟，重點並不只在於你為事業打造的流程，也在於你自我成長的過程。

儘管按需即用軟體業的產品化似乎是順理成章，但產品化並不只是寫程式、做軟體——這一點適用於所有極簡事業，包括Interintellect。因為安娜．嘉德很早便進行流程化，使Interintellect具備可預測、可重複的形式，並奠基於四根棟樑：創造一個有主持人的討論空間；讓參與者有相等的發言時間；鼓勵趣味性和娛樂性的內容；塑造有耐心、公開透明、多元化的氣氛。這些討論會是依照主題、時區和主持人來組織和追蹤，而密切交流的回饋循環，則讓Interintellect可以撈出社群論壇裡的熱門討論話題，根據顧客的喜好來籌劃活動。

嘉德表示：「一件有趣的事情是，唯有在你實際執行過上千次之後，你才頓悟自己真正在打造什麼。起初我以為我是在打造活動，但其實我是在打造主持人。」於是，嘉德推出了能讓主持人自行建立與規劃活動的新平台，並根據社群所服膺的健全規範，來審核、聘僱與訓練新的主持人。

隨著Interintellect的發展，嘉德打算進一步自動化公司流程，讓它們每天可以在全世界舉辦六十場活動。對她來說，即使她把人類聚會的儀式系統化，讓大家可以在一個知性的放鬆空間進行學習、分享和互動，Interintellect這些討論會的終極目標仍是提供娛樂。就算你的事業起初看起來不像是能夠流程化和產品化，Interintellect這個優良案例展現出此方法幾乎適用於所有狀況。

創造一飛沖天的條件

在前一章的末尾，我談到要消滅疑慮，但如果你跟九十九%的創辦人一樣的話，那麼疑慮會在你的創業路上如影隨形，尤其是當你要把產品推廣到你熟知且尊敬的社群之時。即使向陌生人販售很沒效率，大家仍然極力避免告知所屬社群自己正在忙什麼事情以免尷尬。很抱歉，但是從社群開始仍然是至關緊要的一步。

這種自我懷疑永遠不會消失。在社群中備受讚譽，你仍然會懷疑產品不受好評；創造並釋出了一項產品，你仍然會擔心銷售不佳。就算你做了本書提到的每一件事，你仍然會懷疑自己是否有資格把這一切寫下來。（嗨！）

只要往前走，而且一直走就對了。失敗會淡化，成功則會留存並累積加成。你不相信自己可以走得那麼遠，但資料顯示你確實做到了。一有需要就常常提醒自己這件事，我自己就是這樣做的。

我們在本章一開頭談到了氣勢，那麼便以自信做結尾吧：當你在打造即將販售給第一位顧客的解決方案時，你同時也會獲得自信，知道自己走在正軌上、即將往前邁出一大步。

如果你運氣好，你或許可以在做得極少的狀況下便滿足需求。如果你為真實人群解決掉一項真正的痛點，他們不會在意你做的東西有多簡陋，而會感謝你做出它，有些人甚至願意付錢。讓人興奮的部分就在這裡：你在網路上賺到第一塊錢了。你已經跨越「從零到一」的鴻溝。你開始了。

▲重點整理

• 在你打造最小可行性產品之前，先淬煉出一組人工作業的有價值流程。

- 你跟客戶的回饋循環越快速，你就能越快找出他們願意付錢的解決方案。最快速的回饋循環，會是你跟你自己的回饋。
- 在你打造任何東西之前，先評估你最低需要做多少便能滿足需求再去做。即使在之後，也只做你需要做的部分，把其他部分外包出去。
- 我把「產品與市場相契合」定義為：存在會自行參與並使用你的產品的回頭客，以至於你可以開始專注於主動型銷售（outbound sales）。

▲延伸學習

- 閱讀由Basecamp推出的書籍《認清現實》（*Getting Real*），內容是關於如何打造網路應用程式，該書可在網路下載：
- 閱讀羅柏・菲茲派翠克（Rob Fitzpatrick）的著作《媽媽測試》（*The Mom Test*），內容是關於如何跟顧客交談——以及聆聽。
- 瀏覽Gumroad的原始碼，我已經把它放到網路上了：
- 探索Rosieland，這是由蘿希・雪莉（Rosie Sherry）為社群建立者打造的資源網站：
- 在推特追蹤丹尼爾・瓦薩洛（Daniel Vassallo, @dvassallo）。他先是在Gumroad販售產品為生，後來是我們的兼職產品總監。

4

賣給前一百位客戶

它就自己起飛了，是貨真價實的瘋傳式成功。

——從來沒有人這麼說

開始銷售

在打造完一項產品之後，許多人認為下一步便是把它發表到世界上。好萊塢會舉辦首映會，矽谷則有演示日（Demo Days）、Product Hunt的產品發表文，以及Hacker News的「Show HN」討論串。[1]

癡迷於產品發表，並非好萊塢和矽谷獨有的狀況，而是遍及全世界大城小鎮的心態。說不定在你家附近，也有一家餐廳正在店門口掛著大大的「盛大開幕」紅色布條呢。它邀請你進門，承諾你會是首批顧客，說不定彼此還能談成交易。不過到了明天，甚至是一個月之後，那張布條始終掛在那裡——它永遠在開幕，而且一直很盛大！

許多企業走上這條路線。夢工廠動畫（Dreamworks）共同創辦人暨前執行長傑佛瑞．凱森柏格（Jeffrey Katzenberg），以及eBay前執行長梅格．懷特曼（Meg Whiteman），攜手創立了串流影音服務Quibi，結果成為一則告誡人們別在還沒真正進入市場就急於發表產品的警世寓言。該公司募集了十八億美元，並買下超級盃廣告，[2]預期全世界會簇擁前來使用它的服務。它原本計畫舉辦的發表會廣邀一千五百位賓客（內含一百五十位名流），後來因為新冠疫情而取消。

最終，這款應用程式徹底搞砸了。第一天，Quibi只有三十萬下載人次，相較之下Disney+則有四百萬。發表後的一個月，Quibi已跌出下載排行榜的百名之外，而在六個月之內，它便關門大吉，將資金返還給投資者。

但對軟體業來說，這種經驗倒不算太出奇。某兩位創辦人興高采烈地製作一款應用程式，然後去Product Hunt發文曝光，第一天吸引到上千人參與；但幾個月之後，已經沒人繼續使用那款程式了，於是他們轉而進行下一個計畫。如此過程反覆發生。但事業並不是某種只需要你投入一次、跟朋友討論，接著在你轉往其他事情時便隨之遺忘的東西。你的事業應該要終身有客戶，而不是只在某個週五晚上有過客戶。

那是因為在真實世界裡，開啟事業然後發展茁壯這類的故事，多數時間其實不怎麼驚心動魄。從創業起始到取得成功，其間可能舉步維艱，需要花上許多年，而且常常不如你預期中那樣令人嚮往。不過假使你沒有放棄，隨著時間進展，你會取得許多小小的勝利，累積而成一份滿足感與自豪。

上一章我們專注於討論流程和產品，但一旦你有了

1 譯注：「Show HN」討論串為Hacker New內以該文字做為文章標題開頭的貼文，內容需為發表者創造、足以供其他人試用的東西，讓Hacker New用戶能測試、給予回饋，並在討論串中提問。

2 譯注：超級盃（Super Bowl）為美國職業美式足球聯盟（NFL）的冠軍戰，歷年具高收視率，廣告價碼高昂。

最小可行性產品，就該把注意力轉往你的第一批客戶了。如果你等待太久，始終不斷為產品進行迭代，卻不把你的成果擺在世人眼前，那麼你可能自以為很有成效，其實卻慢慢（也或許是快快）把自己逼向死路。

這正是為什麼「開始銷售」是如此重要。一旦你擁有足夠數量的回頭客，你便做到了「產品與市場相契合」，這不只是一個值得慶祝的里程碑，同時也是你可以開始思考發表產品的徵兆。但在那之前，先別做那種僅此一次的盛大開幕儀式，而是專注於「把你的產品賣給前一百位客戶」這段緩慢而持續的旅程。

「銷售」並不是難以啟齒的粗話

我為了撰寫本書而訪問了許多人，難以置信的是，大家幾乎都不樂意談論銷售一事。沒人喜歡典型的銷售概念，認為那是不高尚之舉，仰賴於資訊不對稱——但我們在這裡要做的事情並非如此。你已經跟社群建立了關係，而你銷售的產品能提昇顧客的生活價值，他們也樂於購買。

到最後，生客也會買你的產品，但多半不是因為他們受到廣告宣傳吸引，而是由於熟客為你的企業和產品散播口碑。不過，這得花上一段時間才能見效，不可能在第一天便達成。

想想你自己的經驗吧：你上一次在推特或臉書這樣的個人數位窗口，大聲宣揚自己對某項產品的熱愛，是什麼時候？這種事其實沒那麼常發生。

說穿了，「瘋傳式成功」(viral success)就是一種迷思，其實並沒有這種事，那只是記者用來形容某個人、某家公司、某項產品或服務，表面上看來似乎莫名其妙地快速竄起時所使用的詞彙。大多數人(也包括記者)只在新事物達到逃逸速度(escape velocity)時才會注意到，[3]時常沒意識到它們之前所歷經的數月甚至數年苦難。

在本章末尾，你將會發表產品，但那是因為你要慶祝自己的事業已經達成某些與長青和永續真正有關的里程碑。你有盈利，有顧客來買你的產品，而且他們會主動向其他人推廣。接下來，你就可以發表產品了——更準確地說，這場慶祝是為了向社群和顧客致意，感謝他們幫助你從無走到有。

在那之前，請把銷售流程當成是一段探索的機會。你認為自己的產品已經準備好上市了，但也可能還沒；你認為自己抓對訂價區間了，但也可能抓錯。把每一次失敗都轉換成智慧。或許你是抓錯客群，需要把目光轉往其他群組；也或許你雖然抓對客群，但你的產品仍不足以解決他們的問題。兩者都是很好的教訓，你會希望自己在開發更廣泛受眾之前便學到這些事。

以目前來說，銷售是一段教育的過程。你的顧客能夠因此認識你，而你可以學到哪些事行得通、哪些不行，以及要如何修正。剛開始的時候，銷售未必能盡如人意，但我向你保證，繼續等待也不會讓銷售變得更簡單。一旦你瞭解如何開始，下一個挑戰便是訂價。

3 譯注：逃逸速度原為物理學用語，指某物體要脫離地球引力所需的速度。用於商界時，則是指企業開始指數型成長，以遠超過往的速度發展之時刻。

要收費，收多少都好

訂價是一件難事。在發展初期，你可能會企圖免費贈送商品，或是把價格設定成比你所花費的時間價值或原物料成本還低——別那麼做。為了生存下去，你必須賺錢，而要賺錢，代表你不只得收費，而且要收到足以維持公司營運。如果你已經產品化了，那麼你肯定明白為首批客戶制定的起始價格結構（pricing structure）和定價，正如創業中的每一個環節，是會不斷迭代的。最終，你所擁有的顧客類型會影響你如何訂價與收取多少錢，不過在你打造解決方案的一開始，切記你可以根據兩種方式來收費：

- **成本基礎式**（cost-based）：某項具備固有成本的事物，例如網站伺服器，或是某名員工花費的時間。如果你需要付出某個金額來取得該事物，你可以加上「利潤」（例如二十%），然後收取那樣的費用。舉例來說，零售店通常向批發商進貨，然後以進貨價的兩倍賣給消費者，讓他們取得五十%的利潤。像iTunes或iStockPhoto這樣的市集平台，通常會使用這種收費模式。
- **價值基礎式**（value-based）：某項具備明確價值的功能。它之所以能夠收費，並不是因為你必須花費金錢才能把它呈現給人，而是由於它對顧客具備固有價值。舉例來說，網飛或許不需要額外花錢就能提供多螢幕功能服務（除了完成此功能所需的起始開發支出），但它可以為此向顧客收取月費。

你的終極目標是根據不同層級的服務來收取不同費用，你可以在你的產品、服務或軟體已經建立起價值和品牌時這樣做。當你思考價格層級時，可以把它想像成不同類型的機票：不管你是買經濟艙、商務艙或頭等艙機票，你都可以抵達目的地，但旅途中所獲得的服務各有不同。分層定價是大多數軟體業的常態，而且會不斷隨著功能差異而改變價格。舉例來說，Circle.so這個為創作者打造的社群平台，具有基礎、專業、商用三種服務層級，差別在於社群中的成員人數，以及所提供的功能與整合服務。

即使你的事業從低微起家，隨著時間慢慢發展，向顧客收費仍然很重要。從免費到收費一美元，差距無比巨大——這是所謂的「零元效應」(zero price effect)。行為經濟學家丹・艾瑞利(Dan Ariely)在著作《誰說人是理性的》(*Predictably Irrational*)[4] 寫道：「人們會興致勃勃

4《誰說人是理性的》，丹・艾瑞利，天下文化，二〇一八年出版。

地選擇某項免費的東西，即使那不是他們想要的。」艾瑞利以大學生為例，他們願意大排長龍去領取極為有害健康的免費布朗尼，但即使只需要付出區區一美分，排隊長龍便會頓時消失。（之後你可能會考慮導入免費層級。這個模式通常被稱為「免費增值」（freemium），是由創投業者佛瑞德・威爾遜（Fred Wilson）發揚光大。）

廣告導向的媒體商業模式是另一個例子。一旦讀者不需要付費便能閱讀，當事業主開始要收費時，通常很難說服讀者那些內容值得花錢購買。

訂價決策並非永遠不變。定價僅是產品中的一個環節，可以也勢必會隨著時間而調整。就跟產品開發時類似，你的目標是啟動探索之旅，而不是要馬上獲得完美的結果。

值得注意的是，儘管產品的定價會改變，一般來說是往上調整。你也應該如法泡製：隨著你改善產品、提供更好的服務，你呈現給顧客的事物也變得更有價值；你甚至可以考慮為頂級客戶（superusers）增加更高等的新層級。

一旦你設定好價格，就必須試著四處兜售。我建議從你親近的人們開始詢問：朋友與家人。（遺憾的是，並非人人都有著願意給予鼓勵的家人，你可將之置換成其他你認同的歸宿。）

從親朋好友開始

矽谷有一個詞彙用來形容首輪募資：「親朋好友」輪。這種狀況或許在舊金山灣區之外更為普遍，畢竟其他地方不會有創投業者和天使投資人在街上巡視，四處尋找值得投資的對象。不過，親朋好友並不是只在募資方面有其重要性。無論他們至今為止有沒有給過你一塊錢，你都還是值得向他們推銷、拉攏成你的首批顧客。

就算知道親朋好友是你的社群核心份子，拉攏他們可能還是會讓你不太自在——我就有這種感覺，明知Gumroad有許多環節不夠完善，卻仍然把我的事業推到朋友面前要他們試用。不過，當你剛剛起步，沒多少根據能說服人時，還有誰會比親朋好友更願意信任你？而假使連他們也不信任你，又有誰會願意？

儘管如此，人們還是寧願相信自己可以跳過尋求親朋好友資助這一步，以為產品發表後就會自動瘋傳，例如在Kickstarter募資。不過，連Kickstarter平台都知道實情並非如此，它在網站上寫道：「每週都有數百萬人造訪Kickstarter，但支援向來是從你認識的人群開始。朋友、粉絲和你所屬的社群，較可能是你最早期的支持者；更不用說他們會是你最寶貴的資源，能夠幫忙宣傳你的專案。」

我確定偶爾會有幾個專案瘋傳各處，儘管如此，它們在初始階段，也都少不了該專案創建者的朋友、親人和粉絲大力推波助瀾。說了這麼多，總之仰賴親朋好友提供起始支援並成為你的產品首批購買者，不只很正常，甚至要納入考量之中。如果你仍然有糾葛，你可以提醒自己，你已經打造出某種你認為能提供真實價值的東西了，縱然它未竟完美，還是值得別人花錢購買！

PleaseNotes的創辦人兼執行長謝麗．薩瑟蘭（Cheryl Sutherland）想到了創業的點子，從寫日記和自我肯定發掘出她在職涯的下一步；該公司提供教練課程，並設計了筆記本和其他產品做為輔助個人成長的工具。一位平面設計師密友幫她設計了網站和第一款產品PleaseNotes，這是一組三份的自黏便箋，上頭印有自我肯定的話語。另兩位任職於群募諮詢業界的朋友，則指導她如何發起富成效的Kickstarter專案，為她的第二款產品PleaseNotes筆記本進行預購。她的募資目標是一萬美元，最終從兩百五十三位參與者募得一萬五千零五十四元，其中許多人是她的親友。這筆錢讓她能夠測試市場，也給了她繼續往下走的必備動能。

對某個概念獲取早期驗證是極有價值的。餐廳需要時間來擬定菜單，所以有了開放給親友的試營運階段；電影需要時間來確認影片節奏是否正確，所以有了試映會。同理，你的事業和產品也有同樣的需要。

一旦你處理好你收到的回饋，你的產品也優秀到足以把親朋好友拉攏成顧客，你就可以跨出親友圈，往你所屬的社群邁進了。

社群、社群、還是社群

隨著時間進展，你個人的重要性會逐漸減少，你的產品則會越來越重要。起初你找上親朋好友，他們最主要是關心你，但你的社群相較之下會更在意你的產品。

你的事業也會以同樣的方式成長：開始於最關心你的人們，結束於完全不關心你的人們。

就算你已經成功為你的社群解決掉某個問題，你或許還是需要時間和耐心，才能引起他們的注意力。人們跟物體一樣，都會受到慣性影響。當大家都走在某條路徑上的時候，即使你的事業提供解決方案，指出更好的方向，他們通常還是要受到當頭棒喝後才會轉向。

在你認識或有所連結的人士以外，你可以在你周遭實體環境尋找相似的顧客。每個鄰里、街道和鬧區，都是人們居住和出遊的社群。在蓬勃發展的社群內，會有在地企業、活動會場和封街派對，是人們離開住家和辦公室之後的活動地點。在你愛去的咖啡館牆上和電線桿上，張貼你的廣告傳單。

下一章我們會談到正式的行銷策略，不過在你真正施行更有架構的計畫之前，你依然可以伺機戰術性地運用宣傳。每個社群都有記者和微型網紅（micro-influencer），

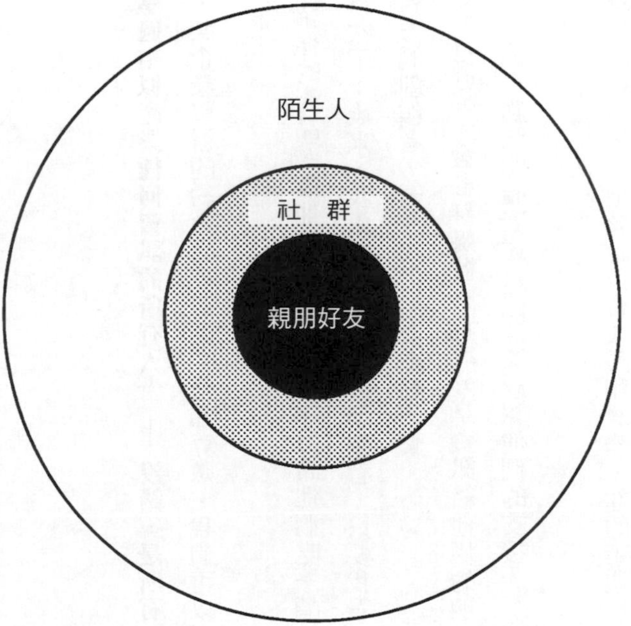

他們會報導社群內的熱門事件。例如在我目前居住的波特蘭，就有上百個Instagram或推特帳號在報導市內的各種面向，帳號經營者是學生、素人和專業記者。他們存在的主要意義，就是寫出你即將要做的事情。

而要讓他們協助報導，你可以這樣做：

一、**整理出一張清單，詳列曾經撰寫或分享過相似產業任何資訊的所有人士——沒錯，是所有人士**。不管是企業倒閉、新產品發表、某企業舉辦的約會之夜活動，全都算數。我們可以把這群人稱為「領域專家」（subject matter expert）。

二、**親自聯絡他們**。你可以向他們詳細介紹你的產品、邀他們來店參訪，或是請他們吃一頓飯。在Gumroad，我確實這樣做好幾百次了；後來，我更邀請過上千位創作者，只要我看到我真心喜歡且認為Gumroad能幫助對方的創作者，至今我仍然會主動聯繫。

三、**請他們提供私人的真心回饋**。別叫他們寫評論、發社群媒體文章或分享資訊給他們的朋友。你的目標是提昇你的產品使用體驗，你也應該明確表達自己深深感謝他們的支援。

當你第一次把產品上市時，你或許是某個社群的一份子，但該社群會成長和改變，你的事業也是如此。你只是單純在探索彼此新增的交疊之處和需求，並讓更廣大的人群知道，你為他們面臨的問題提出了嶄新解決方案。同時你也希望，你的顧客會逐漸發展成一個獨立的社群。

重點在於建立關係。既然你打算長時間經營這個事業，顧好老顧客比找到新顧客容易多了。不要過度吹噓，保持坦承、公開透明，並且誠心誠意。讓顧客看到你最近是如何改善你的產品，告訴他們你最近遭逢的失敗。不要只向他們販售你的產品，而是要教育他們你走過的旅程和你學到的教訓。

陌生電郵、電話和短訊

遠在你聯絡完清單上你已經認識或有機會認識的人士之前，你肯定會寄出很多封電郵、撥打很多通電話、登門拜訪許多人。你有責任去聯繫你的朋友、親戚，以及你可能好一陣子沒見過面的社群成員。打電話能讓你有機會告訴他們你正在做什麼，並詢問他們是否有興趣成為顧客。有些人會願意，但許多人會拒絕。一旦你能接受別人說「不」，你就已經準備好向陌生人銷售了。

在Gumroad發展頭幾年，我們會在網路上搜索「使用Gumroad會對他們有好處」的人士，然後告知對方Gumroad的資訊；實際上我們做了數千次。說真的，當你年紀輕輕又默默無名，難以吸引他人目光之時，這是唯一能讓人們使用你的產品的方法。

假以時日，你有機會越來越不用做這件事，不過在你擁有眾多顧客、或是有外力能幫忙不斷提供成長動能之前，沒有比主動聯繫更有效的做法了。它是經過實戰驗證的技巧，包括助選員、宣教師等人士都在使用……因為它真的有效！相信我，如果有其他更好的方法，別人早就發現了。

即使是Stitchfix的執行長卡特莉娜・雷克（Katrina Lake）——她在二〇二〇年入選《富比世》最富

有白手起家女性之一——也是從在領英(LinkedIn)向潛在投資者撥打陌生推銷電話和傳訊開始。她表示:「人們會不回訊或拒絕我,但三不五時也會有人感興趣並且同意細談。如果你沒經歷過那些回絕,你就沒機會碰上感興趣的人。」雖然你可能不是要跟投資者打交道,你還是會跟許多人聯繫,而且一再遭到拒絕。你越快習慣這件事,就能越快不把它放在心上;更好的是,你也能越快將受挫當成是學習的機會。

我知道主動聯繫人讓你既尷尬又不自在,尤其許多人會無視或拒絕你。我也意識到有些人會想擺脫這種困境,於是企圖用不同的方式建立聯繫,例如透過搜尋引擎優化、內容行銷。如果你有這種念頭,馬上打住!沒這種好事!老老實實地花點時間去尋找人們,親自寫電郵、打電話或用任何方式聯絡對方,並且接受這件事會有好一陣子做得不盡理想。你或許會發現,跟人談起你的流程和產品,遠不如你想像中那麼困難——畢竟它是你努力許久的成果,而如果你想要把它呈現給全世界,你理當既興奮又自豪,所以別錯過這個探索的機會。

盛大發表不會造成多少改變。正如Quibi的教訓,奢華開場不見得能帶進真正的客戶。穩定成長來自於長期經營,絕大多數仰賴銷售團隊驅動(尤其在一開始),而你正是做銷售的第一個人。

如果你一開始不知道怎麼做,可以參考這個範例:

約翰你好:

我看到你在網站上透過PayPal來販售PDF,然後手動寄送給買家。我創建了名為

Gumroad的服務，它基本上把前述事務都自動化了。我願意向你仔細解釋，或者你可以自行試試：gumroad.com。

此外，我們也很樂意單純分享給你一份小小的PDF，內容是我們從創作者身上學到的事情。若有需要請不吝告知！

Gumroad創辦人兼執行長 薩希爾 致上

不要直接複製貼上這段文字，每封電郵都能鍛鍊你寫出更好的郵件。把事情做對——你不只是在教育顧客，也是在教育自己有哪些地方可以做得更好。這是一個互相學習的狀況。

在事業發展初期，人工「銷售」會佔了你成長來源中的九十九%，後來才會是口碑佔了九十九%。這個答案不怎麼吸引人，卻是事實。付費廣告行銷、搜尋引擎優化和內容行銷之類的事情，可以稍後再做——等你有了一百位顧客，等你開始盈利，等你的顧客開始幫你轉介紹更多顧客，那時候再做！

最棒的是，一旦你有了一百位顧客，你可以用同樣的模式吸引到一千位；而一旦你有了一千位顧客，又能如法泡製成一萬位。

當Slack在二〇二〇年以一百六十億美元的估值進行首次公開募股時，其募股說明書顯示，約有四十%的營收是由五百七十五位客戶創造。這則資訊讓我們知道，你所需要的客戶數量遠比你認知中來得少。

主打網路領域的大型科技企業，雖然以各種亮眼數據為傲，不過它們的真實利潤（假使真的有利潤）來自於整體用戶的極小一部分。像我們這樣的其他人，如果完全無視潛水者和免費用戶，只專注於經營核心顧客，成效或許會更好。根據產品或服務的差異，擁有幾十到幾百位熟客，可能就足以讓一項事業長期生存。

說到為什麼專注於經營小而可靠的顧客，可能會比期待大棒一揮定江山更有道理，Mailchimp是一個不錯的案例。班・錢斯諾（Ben Chestnut）和丹・庫齊烏茲（Dan Kurzius）原本開設一家名為Rocket Science Group的網站設計公司，目標客群是大企業，但他們同一時間也打造了Mailchimp，它是一項供小企業使用的電郵行銷服務。大約七年之間，他們同時營運這兩家公司，直到二〇〇七年才關閉了網站設計公司，因為他們發現為小企業服務有更高的創作自由度，也能更快速地調整到符合顧客需求。

錢斯諾和庫齊烏茲設計了各式各樣的銷售方案，不過Mailchimp的免費版只能設定兩千個電郵發送資訊，顧客若想建立更大的寄送名單，或是需要額外的服務，它的月費從每個月十美元開始增加（回顧一下稍早談到的分層定價！）。即使Mailchimp可以擴大客群到大公司或機構，它的顧客基群仍然是小企業，至今它始終堅守公司使命，沒有誤入歧途而做出不符合核心社群的功能。

這或許令人驚訝，但並不是巧合。無論你是剛創業，或已經入行好幾年，你最重要的顧客就是你的社群。他們之所以信任你，是因為你幫助對方發展了他們自己的事業。也因此，一旦你有了自己的事業，他們前來相助絕非偶然。

這不只適用於按需即用軟體產業的大公司，其他小公司也適用。在橫跨各種類型的極簡公司，我都能看到相同的特徵：人工銷售，尋找你的社群，談論你走過的旅程，吸引你的顧客，邀集真誠的報導。如果你從社群開始，而且持續關注他們、為他們解決社群內根深蒂固的問題，那麼這些首批客戶將能引領你邁向成功。

不惜一切代價追求成長，代表你得致力於銷售給陌生人，這樣才能規模化。而不惜一切代價追求盈利，則代表你並不需要仰賴開發生客，便能讓你的事業維持經營；你反而可以依靠現有的客戶——他們先是來自你的社群，最後則來自你的受眾——他們會在自己高興的時候幫忙你散播口碑，而這正是你的成長之道。雖然數字各有差異，不過每個人的最終目標都一樣：經濟獨立。以我來說，我每個月需要兩千美元才能維持我的生活風格。

如果你的產品像Gumroad這樣每個月索價十美元，代表你需要兩百位顧客。這似乎不算太困難。每年大約有兩百六十個營業日，所以如果你每個營業日能獲得一位顧客，不到一年就能達成目標。

丹尼爾·瓦薩洛最近發了一則推特：

丹尼爾·瓦薩洛　二〇一九年十二月三十日

兩千位顧客，每個月付三十九美元，等同每年將近一百萬美元。

- 你不需要主宰市場。
- 你不需要破壞任何東西。
- 你不需要征服競爭者。

你可以每天增加一位新顧客，然後在你意識到之前，你就已經有一台每年帶進一百萬的賺錢機器。這樣不就足夠了嗎？

144　1.2K　7.6K

聽起來不難，對吧？你的正職工作或許已經是在幫別人銷售產品了。開始賣你自己的東西吧！

像海梅・施密特一樣銷售

海梅・施密特（Jaime Schmidt）在二〇一〇年創建了天然體香劑品牌Schmidt's Naturals，但直到她在二〇一七年將公司以超過一億美元的價格賣給聯合利華（Unilever）之前，她從來沒有正式發表過它的產品，而是在經營過程中一路為它所達成的小小里程碑加以慶祝，

在施密特懷上兒子的時候，她參加了一堂自製洗髮精課程，後來更一頭鑽進天然個人護理產品的世界。雖然坊間已流傳上百種肥皂和護膚液的配方，體香劑的配方卻少之又少，儘管陸續有人開始擔心傳統配方所使用的成分。施密特嘗試過市面上所有的天然體香劑產品，卻發現都無法對她生效，於是她決定自己製作。在實驗好幾個月之後，她終於找到一款有效的配方，並且調製成她喜愛的雪松香氣。在她上完那堂自製洗髮精課程六個月之後，如今她有了一系列護膚液和體香劑產品，準備好販售給第一批顧客。

她架設了一個簡單的網站，並為她的事業創立臉書專頁，以便張貼文章和配方資訊。頭幾個月，她在波特蘭當地兩家小型在地特產店寄售產品，也在街頭市集和農夫市集自己擺攤。人們會來攤位試用護膚液和體香劑，她逐漸找到跟潛在客戶對話的節奏：問他們試用產品後的心得；談論產品以及自己是如何進行測試；然後說服對方她的天然體香劑真的有效。

隔一年，她決定全力投入她的計畫。她去那兩家寄售產品的商店打工，做為一石二鳥之用——首先，她可以跟客戶互動，藉機獲取顧客對她的產品的深入看法，同時也學習零售業的內部細節；但同樣重要的是，這兩份兼職收入可以做為啟動品牌發展的種子資金。那些來店購買產品和她在市集遇到的顧客，是最熱愛她製作的體香劑的一群人，常常會回來告訴她產品效果有多好，然後再度加購。施密特表示：「早期顧客給予的回饋，讓我能夠完善配方、決定未來調製哪些香氣，以及辨識出我在何處可以造成最大的影響。」而在她優化體香劑產品之後，「顧客給予我肯定，說我的產品效果好極了，還幫我四處宣傳」。

二〇一二年，施密特為體香劑推出具現代感的新包裝設計，藉此與競品做出區隔。她也放遠目光，當她的同業幾乎都只採直接對消費者銷售（direct-to-customer）的模式，或是與天然養生產品店家合作時，她在二〇一五年把銷售點拓展到傳統雜貨店和藥局，讓她可以觸及更多顧客，並擴大開發天然健康產品的機會。

施密特的創意、創新和努力獲得回報。《福克斯新聞網》（Fox News）和《今日秀》（The Today Show）邀請她上節目，談論名人和網紅的社群媒體開始提到她，她的產品也在目標百貨（Target）和沃爾瑪（Walmart）上架。儘管心有不捨，她知道大公司有更多資源，可以把她的願景和使命推向更廣大的客群，於是她在二〇一七年的聖誕節前夕，與聯合利華簽訂收購合約。

回顧創業旅程，施密特說：「當我被問到是什麼讓Schmidt's如此成功，我常常會說，我的顧客就是我的經營計畫。它開始於我傾聽農夫市集顧客意見的時刻，並在品牌的每一步發展中都是如此。持續瞭解顧客的心聲，始終能夠指引我與幫到我。」她的成功不是來自銷售或行銷，而是來自客戶，來自教育以及被教育。

為了慶祝而發表

發表是一塊墊腳石，是在你的事業有了顧客、上了軌道且能夠生存下去時做的事。許多公司開設一年內就倒閉了，在還不清楚它活不活得下去之前，你何必大張旗鼓呢？不如等到建立了成功的事業之後，再用「發表」做為慶功之舉。用你事業的利潤來辦慶功，不要用你自己的錢。

而更好的辦法是，慶祝你的顧客的成功。我認為「慶祝達成某個里程碑」是一項辦發表的好理由。慶祝成功銷售給一百位顧客，怎麼樣？一旦你經營著一個成長中且能獲利的事業，擁有一百位喜愛你、你也關心他們的顧客，你可以跟他們一起慶祝——透過「發表」這個方法。辦個派對，邀請所有顧客參加，感謝他們一路相伴與支持。

辦一場這樣的發表會，你就會看到顧客排在你的店門前——有些是你已經認識的，也有些是認識你的人；他們可能會攜家帶眷、呼朋引伴，甚至與他們所屬社群的成員同行；他們更有可能幫你在事前宣傳活動，因為他們收到邀請之後很興奮，想要支持你。此外，他們可以跟其他人面對面真正交談，暢談你的產品為他們的生活帶來多少幫助。你的顧客有可能比你更擅長銷售——這是好事，畢竟你只有一個人，而他們人數眾多！

也可能你決定完全不需要辦發表，那也沒關係。不過，創業有可能讓人感覺孤單寂寞，發表會是一個好藉口，讓你可以激勵和獎勵社群，感謝他們支持你走到這一步。

一旦你有了一百位顧客，而且有些人成為熟客，比你更擅長銷售你的產品，這時你就已經準

備好邁向你的事業的下一步：行銷。

▲重點整理

- 辦發表雖然吸引人，但它們是一次性的活動，我不鼓勵你把公司的命運押注在它們上面。不如等到你的產品有了願意付錢的回頭客，再用發表會的形式來感謝他們！
- 直接販售你的產品（或流程）給顧客，雖然似乎較為緩慢，但有其價值。這樣做會讓銷售流程中的說服部分減少、探索部分增加，能引導你創造出更好的產品。
- 先從對你的親朋好友銷售開始，再來拓展到你的社群，最後如果有機會，再嘗試賣給全然陌生的人。（對方跟你的關係越遠，就越難說服他們。）

▲延伸學習

- 閱讀丹・艾瑞利的著作《誰說人是理性的》（*Predictably Irrational*），內容是關於人類心理學和訂價策略。
- 閱讀戴爾・卡內基（Dale Carnegie）的著作《卡內基教你跟誰都能做朋友》（*How to Win Friends and Influence People*）[5]，這是我所讀過在「銷售」方面寫得最好的書。

• 閱讀Indie Hacker對我的專訪，內容是關於陌生電郵銷售在Gumroad早期發展中所佔的重要地位：

5 編注：《卡內基教你跟誰都能做朋友》，戴爾·卡內基，野人文化，二〇一七年出版。

5

以「做自己」來行銷

行銷的關鍵說穿了，就只是在分享你的熱情。

——麥可．海亞特（Michael Hyatt）

建立受眾

恭喜！你現在有了社群、一項產品，以及一百位客戶，這代表你已經達成「產品與市場相契合」——我把它定義得更符合極簡事業，那就是「有回頭客」。有回頭客，代表你的事業就算沒有積極去銷售產品，也能堅持下去，讓你可以開始致力於規模化。規模化的目標依序是：你的顧客獲取能力和銷售策略，再來是你的公司，接著是你的抱負。

那麼，「行銷」會落在哪一塊呢？

行銷是大規模的銷售。還記得在我們打造出最小可行性產品之前，要先有人工作業的有價值流程嗎？同理，在你可以開始做行銷之前，你需要先銷售給前一百位顧客，這是因為銷售是你在打造行銷之前的流程。銷售是一種外推式、一對一的方法，行銷則是一種內拉式、一次吸引上百位潛在顧客的方法。銷售讓你獲得一百位顧客，行銷則能讓你獲得上千位。

但別把行銷跟打廣告搞混了。廣告版位得花錢，而極簡創業家只在絕對有需要時才花錢。我們確實會在本章稍後的內容談到廣告，因為它們是行銷的一環，但以真正的極簡風格來說，我們會從免費的方法開始。畢竟，唯有在你從銷售這一步學得更多，你才會準備好花錢做行銷，正如你是從人工流程中發想出產品那樣。

一開始，花時間遠比花錢來得好。部落格文章不用錢，推特、Instagram、YouTube和Clubhouse也不用。與其花錢，我們不如從在那些地方建立受眾開始做起。

受眾的力量

你透過使用既有社群的力量來開啟你的事業，現在是時候向前邁進，打造一批受眾了。兩者有什麼差別？

你的社群是你的受眾的一部分，但你的受眾並不限於你的社群的一部分。受眾是一個網絡，聚集了所有你能觸及的人，讓你可以對他們發聲。這可能包括了你在各個社群媒體平台的追蹤者、電子報訂閱者、每天會經過你的實體店面櫥窗的路人……等等。如果你需要盡可能告訴最多人，世界會在一個小時之內毀滅，你有辦法傳達給多少人？這些人就是你的受眾。

銷售讓你有機會試探這些新人群的反應，因為銷售會強迫你脫離舒適圈，一對一地說服對方，並且在這個過程中改善你的產品。行銷則比較困難，因為它的形式並不是你主動走向顧客，而是你得讓他們自行脫離他們的舒適圈並走向你。大家有自己的日子要過、事情要做，「使用你的產品」恐怕很難列在他們的待辦清單上。

不過，如果你能搞清楚怎麼讓顧客走向你，你在事業的所有方面都會更容易規模化——招聘更容易、銷售更容易，成長也更容易。一旦你有了一群支持你成功的死忠人士，而且人數與日俱增，你打造事業時的每個面向都會更容易。

在前一章，我談到了銷售給你的第一批顧客，也就是親朋好友和社群。而在這一章，我們要討論在你接觸完認識的各方人士之後該怎麼做。我不怎麼推崇向陌生人銷售，但我非常推薦你把陌生人拉攏為你的受眾，最後再把他們轉變為顧客。

人們不會從陌生人一下子變成顧客，而是會先從對你陌生變成依稀意識到你的存在，接著再慢慢變成你的粉絲，最終再變成你的顧客，以及會幫你散播口碑的回頭客。

我們就從打造粉絲開始。

要打造粉絲，不要上頭條

挑一家你喜歡的公司。你能說出它的創辦人是誰嗎？你能想像出它的辦公室外觀嗎？你能回想起它發表過的言論嗎？我敢說不管你挑了哪家公司，你很可能答得出來。為什麼你做得到？因為你讀過與它相關的文章，也在社群媒體追蹤它。你大有可能選購它的產品，說不定你已經買了。

遺憾的是，大多數創辦人覺得把自己做為企業故事的核心很尷尬——但你必須這樣做。人們不會關心公司，而是會關心其他人。你已經從無到有打造出某個東西，你熱愛自己做的事情。你不需要跟大家分享你午餐的菜色，但你應該跟全世界分享你歷經艱辛所學到的教訓。

我看到許多創辦人即使功成名就，卻仍然被冒牌者症候群（imposter syndrome）折磨——[1]有好多事情你不知道，有好多人比你更有見識，有好多大公司比你更有利潤、雇用更多員工、榮獲更多讚譽。

那些說法永遠會是對的，但也都不重要。你能呈獻某個東西，而你現有的客戶在乎這件事；他們願意為你的付出掏錢，對你的思維感興趣，想要知道你為何做出某些決定，以及你是怎麼創造你的產品。隨著你成長與迭代，你將會改善你的產品體驗，收獲更多可信度與信賴感。你也會學到許許多多能幫助他人的事——當你開始參與社群，並且銷售給前一百位顧客時，你就已經是在幫忙別人了。你親自與他人建立連結，告訴他們你的故事，並且傾聽他們的故事。

建立受眾是打造粉絲的第一步，關鍵在於把上述的對話規模化。

極簡式的行銷漏斗

每位顧客決定購買的旅程各有不同，但它總是從某個不知道你是誰、不清楚你在賣什麼的人開始。最終，他們會在自己的Instagram動態消息、某個論壇的貼文，或是某位朋友的轉推看到你的產品，而且幾乎肯定是過目即忘。某一天，他們可能會給那篇文章按讚，即使他們遲早會忘記是誰張貼的；這樣的互動狀況可能會發生好幾次。

終於，他們開始感興趣了——不是對你的產品感興趣，而是想知道你或你的公司會說什麼事。

1 譯注：冒牌者症候群為一種出現在成功人士身上的心理現象，他們堅信成功並非源於自己的努力或能力，而是憑藉著運氣、良好的時機，或別人誤以為他們能力很強、很聰明，因此總是擔心有朝一日會被他人識破自己其實是騙子。

他們會按下那個大大的「追蹤」鍵，或許還會點擊你的官網連結去瞧瞧。如果他們喜歡你的思維、你的發言，以及你闡述的方式，他們可能也會喜歡你所打造的東西。

大多數人會跟你的事業不匹配，別在意。你的受眾會成長到比你的顧客基群大得多，而你的顧客基群會是其中的一個子群（很可能是最熱情的一群）。

匹配的那群人，會開始考慮使用你的產品，並可能會以申請帳號做為此意圖的徵兆。接著，他們會評估你的產品的功能、價格等各方面條件，某一天便會決定購買。

儘管你可能會想要盡可能縮減這個漏斗的步驟，也或許可能想

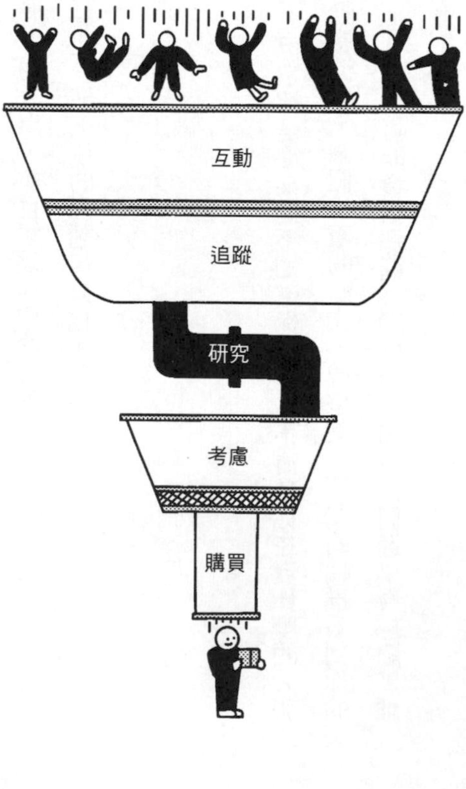

要增加步驟（例如免費試用），但你就是沒辦法縮短這道流程，再怎麼期盼都沒用。每位顧客都會歷經互動、追蹤、研究、考慮的階段後，最後才決定購買（也希望他會一再購買！）。

漏斗頂端：社群媒體和搜尋引擎優化

有八十億名陌生人等著你去對話。你要從哪裡開始？從你現有顧客所屬且與你不同的社群開始往外拓展。行銷是第二重的銷售，因此你現有的顧客應該已經在幫你的產品散播口碑了。理想中，他們之所以這樣做，是因為你的產品讓他們體驗到更好的生活，例如可能把第一次約會地點定在你開設的冰淇淋店。

你也可以鼓勵這種行為。如果你是開冰淇淋店，你可以贈送一份蛋捲冰淇淋給在Instagram張貼來店資訊的顧客。

實體世界有個概念叫「來店人流」（foot traffic）。房屋仲介總是把這句話掛在嘴邊：「地點、地點、還是地點。」地點很重要，因為人們是在實體世界之中過生活，而如果你正好跟他們位於同一個地點，你就有機會創造一次在其他狀況下無法達成的新銷售。

社群媒體的狀況也差不多。雖然沒有繁華大街，但Instagram有「探索」頁面；雖然沒有馬丁・路德・金恩大道（Martin Luther King Boulevard），推特的演算法會把你可能喜歡（或痛恨）的新東西塞進你的動態頁面。

這些演算法的運作方式，是評估你的發表內容理論上的「品質」。每個平台各有不同的祕密判斷標準，不過通常是根據終端用戶會對哪種發表內容持續互動。一般來說，這代表你的內容應該要能爭取到螢幕另一端的消費者按讚、分享、寫評論，或是給予其他形式的正向肯定。

地點因素對數位產品來說仍然很重要，只是它的運作方式與判斷冰淇淋店展店地點不一樣。正如你會根據客群而選擇在不同的商場開店，你的受眾在線上世界也會於不同的地方活躍。

以推特為例，它是Gumroad剛開始做行銷的優良平台，因為它有轉推功能，讓我們的創作者可以分享Gumroad的推文給他們的受眾。我看過有人從幾百位追蹤者快速增加到幾千位，只因為有個熱門帳戶轉推了他的點子。此外，因為在其他社群媒體發布內容需要製作圖像、影片或音訊，而轉推容易得多，所以你可以透過這個極為快速的回饋循環來鍛鍊自己。

不過這還是要看情況，Instagram、YouTube、Reddit、Pinterest也可能會是最適合你的事業的平台，都試試看。好消息是，嘗試新的平台遠比你遷移實體店面來得便宜又輕鬆。世界不斷在改變，或許你會在抖音（TikTok）、Clubhouse、Dispo或某種尚未見世的新玩意兒取得更大的成功。重點在於開始去做。最終你會發現能夠讓你以「做自己」來宣傳事業的合適平台。

如何在社群媒體動起來

- **建立一組帳號：**一個是你的個人帳號（身為人類的你），另一個是你的公司帳號（代表企業的你）。

我的帳號包括我自己的（@shl）和Gumroad的（@gumroad）。我的個人帳號的目標，是鼓勵更多人創業；如果你正在閱讀本書的話，或許就不會對我的目標太意外。至於Gumroad帳號的目標，是鼓勵更多人成為創作者，他們有沒有在Gumroad活動都無妨。儘管創作者和事業主是分開的身分，兩者之間有著細微的差異，不過核心問題是相同的：誰是你的受眾，他們在生活中想要什麼，以及你能怎麼幫助他們完成目標？

太多人認為只要有公司帳號就足夠。錯了，並不夠。人們並不關心你的事業以及它成不成功，他們關心的是你以及你歷經的艱辛。

- **不要跟大家分享你午餐的菜色**。發布跟你的生活和事業有關的狀態更新不是壞事，但也不會增加你的受眾。在社群媒體上討論餐點的時代已經過去了，就算是你的個人帳號也一樣。如今你的目標是盡量擴大你的觸及群眾，並且為那些在網海中找到你的陌生人提供最大價值。
- **要真誠**。社群媒體的關鍵在於思想，不是人。做你自己，但努力表現出一組核心價值。你學到了什麼？你有過怎樣的交流？你在這裡的任務是「給予」，不是「詢問」。要記住：這跟銷售無關。

你在公司帳號應該要表現得跟你在個人帳號相似，因為兩者都是你，也應該都著重於思想，讓你自始至終都在免費給予有價值的事物。不去談論某位新客戶的案例，或是某項你新推出的功能，可能會讓你感覺有點怪。你偶爾那麼做也無妨，但老實說，你的受眾並不會在意。他們想要的是減肥、開懷歡笑、找樂子、變聰明、跟心愛的人們共度時光、準時回家、睡得好、吃美食、幸福快樂。幫助他們做到那些事。

- **在公開場合建立事業**。在第二章，我談到了社群，以及跟一群與你有相同興趣、相似思維的人們，分享你所學到的東西，藉此成為其中一員。現在是時候更進一步，為你的事業做同樣的事情了。你不只應該分享所學做為維繫社群之用，你也應該在公開場合建立事業，跟顧客分享那道流程。

你用不著是天才，也不必假裝是。你只需要比你的受眾，在至少一件事情上面多知道一點。

- **信賴回饋循環**。一旦開始分享，你很快就會哪些事行得通、哪些不行。社群媒體的美妙之處，便是在於你從追蹤者獲得的即時反應（或是欠缺反應）。隨著受眾人數成長，你會取得更多資料，所以每天都可以回顧哪些事行得通、哪些不行，並驗證理由何在。每種事業對「行得通」的定義各有不同，但最終你的努力應該要能夠以客觀方式量化，並且以某種方式為盈利帶來貢獻。

跟你的產品一樣，人們對於你在社群媒體分享的東西，只會根據他們因此感受到的體驗好壞來評判。這一點放諸臉書、Instagram、YouTube、Reddit、Pinterest，或是任何能連結相似思維人群的平台都成立。就算它們各有些許不同，一旦你開始實做，很快就能分辨其中差異。

你遲早能在自己發言之前，便預測到它的成效會是如何。不過，既然我已經走過那段學習旅程，所以我在這裡會協助你找到訣竅。我學到，人們分享的內容類型可分為三種等級，越高級的就越有潛力觸及到更多人。

教育、激勵和娛樂

你或許會想要直接跳到最有效率的那種內容類型，但這件事就像是健身，在你能跑完五公里之前，你應該要先用走的，而在你參加馬拉松之前，你應該要能跑完五公里。你的身體需要時間做調適，你的心智也一樣——最重要的是，你的受眾也是如此。

趁著觀看你內容的人還不多時犯錯。要在公開場合獲取成功，你必然得經歷過在公開場合失足，所以在你爬到更高處之前，你會寧願先在較小規模的地方成功，藉此取得自信和安全感。

• 第一級：教育

很少人能從做自己轉變成當老師，但那些能

做到的人很快就能建立起受眾，因為大家在社群媒體上的多數時間，是忙著尋找更好的生活方式、學習和賺錢。這正是你在「已經認識你的人」之外建立更多受眾的方法。你免費提供價值，不求回報、持續不懈。這是你在社群中所作所為的自然延續，只不過你現在面對著更廣大的人群。如果你已經有了一百位顧客，你至少已經學到一百件事情，你可以從分享它們開始。

你的既有受眾會與這些思維互動，並把其中的最佳內容散播到他們自己的受眾，結果也增加了你的受眾。你每天都該這樣做，因為這是你的職責，也因為反正你整天都在上網了。

當然，你並不是真的整天只在上網，你仍然在打造一家公司。在社群媒體上建立能見度，是衡量你的公司成功程度的落後指標，應當始終擺在第二位考量。

二〇〇八年，珍妮和羅恩．多蘭（Jenny and Ron Dolan）在金融危機中失去了大多數積蓄，他們的孩子艾爾和莎拉想出一個幫忙父母改善經濟狀況的計畫。他們為熱愛絎縫（quilting）的母親買了一台電腦式縫紉機，並在故鄉密蘇里州漢密爾頓市（Hamilton）找了個小場地設置。艾爾和莎拉希望，既然機器絎縫有需求而且交期長，珍妮可以接受別人的專案來完成。他們認為，如果她每個月能賺到一萬美元，就不只足以維生，還能重建家庭的積蓄。

這項事業剛開始時狀況極差，他們的點子似乎毫無成功指望。於是，有過幾次網路創業經驗的艾爾，開始尋找能讓人們認識他母親的辦法，即使他根本不知道那些絎縫迷會在網路上的哪邊活動。當他發現，網路上幾乎沒人討論絎縫，而絎縫迷大多嚴格保密他們的技巧和設計，某種程度上導致外人（尤其是新手）沒機會受邀學習、縫紉和創作，難以進入這個領域。

艾爾說服珍妮拍攝十支YouTube影片，指導人們絎縫技巧。後來的事就不用贅述了。珍妮合計拍了超過五百支影片，總閱覽數上百萬，而密蘇里之星絎縫公司在二〇二〇年收到超過一百萬份訂單並寄出產品。漢密爾頓市變成絎縫界的迪士尼王國，一度衰微的小鎮如今每年能吸引數十萬群眾造訪，參觀密蘇里之星的十六家絎縫店、餐廳和渡假中心。這一切，都是從十支YouTube影片開始發展。

如果你正在想，「我不知道要從哪裡開始」，或是「五百支影片！？」，提醒自己，你已經鍛鍊這些技能好一段時間了。還記得你是怎麼透過寫評論、做貢獻和創造內容來參與社群嗎？在這裡，你基本上是以更大的規模做同樣的事情。你的分享內容不必很精緻，不必使用專業手法產製，不必做到完美。最重要的是，每天都撥出一段時間做這件事，而且開始做。

• 第二級：激勵

教育性內容是用來起步的絕佳方法，不過若要讓受眾擴展到你的「學生」之外，你就得做教導以外的事。對物理學感興趣的人就是只有這麼多，但理查・費曼（Richard Feynman）是比任何物理老師更知名的人物，因為他談論的事情比物理學更宏大。他把自己從物理學中獲得的智慧，轉化成生活中的智慧；技術上來說，他的作為已算是涉及哲學領域。

自某一刻起，他開始鼓勵人們，激勵他們邁向更好的人生。物理學變成是他所教導的其中一環，他的物理學學生變成是他的新受眾之中的一個子群；想要過著更好生活的群眾人數，遠比想要學習物理學的人們來得多。

你要怎麼鼓勵與激勵人？你可以把自己在各領域——諸如繪畫、寫作、設計、軟體工程、物理學等等——所獲取的心得套用在生活之中，然後分享給更廣大的受眾。你可以把自己的專案和進展記錄下來，詳載昔日自何處起、今日又抵達何種境界。假設你是在營養補給品產業，一段減重旅程紀錄會比一支資訊型影片獲得更多迴響。

在二〇一九年被Spotify收購的敘事型播客公司Gimlet Media，它推出的第一個播客《創業》（StartUp），談的便是該公司不起眼的萌芽時期。在第一季，創辦人亞歷・布朗伯格（Alex Blumberg）和麥特・利伯（Matt Leiber）講述了他們打造事業的故事，其中一集格外出名，內容是布朗伯格找上創投業者克里斯・薩卡做簡報提案，尷尬的是布朗伯格表現極糟，使得薩卡反而教起他該怎麼演示那份簡報。《創業》揭露每位事業創辦人都曾面對卻鮮少討論的許多狀況。創辦人內鬥？有！熱情燃燒殆盡？有！家庭鬧爭議？有！節目成績如何？幾百萬下載次數！

這兩位創辦人是打好算盤要去激勵聽眾嗎？未必如此，但透過分享他們歷經的艱辛和成功，他們把可能性展現給其他人，並從中打造出粉絲，而不只是吸引顧客。你也可以做到同樣的事。不要只是教導，從你的經驗談起，說出真相，激勵自然會隨之而來。

- **第三級：娛樂**

第三級的內容類型是最重要的，因為它能讓你聯繫上巨大得多的潛在顧客（幾乎是所有人），但它也是最難做到的一級。

教育很難，激勵很難，娛樂也很難。現在試著同時做這三件事。為什麼？想想看你自己是怎麼消磨時間。你會選擇去看電影、電視節目和脫口秀特集，或是——請老實說——閱讀像本書這樣的書籍？

就算你真的會閱讀像本書這樣的書籍，你會常常跟親朋好友討論書中內容嗎？你們更可能花時間討論彼此上次看過的籃球賽，或是閒聊最新的政治醜聞、即將上映的好萊塢大作。

如果非要挑一個，娛樂總是會勝利。

社群媒體也不例外。每個平台都有動態牆讓各種內容彼此競爭。所有內容都會存在對應的動態，而如果「內容為王」，娛樂類內容就是內容之王。

你並不需要去做截然不同的事情。繼續教育和激勵人們，但做得更有趣一點。你仍然試圖教導大家，但你想要做得能讓人留下印象——這能在你把內容做得有娛樂性時達成。

思考一下笑話的三個組成：(一)說點東西；(二)建立某種規律；(三)；用笑點打破那個規律。

這裡有一個我出奇順利的範例。我常常談論創業(真意外！)，不過底下這則推文引發迴響，並造成病毒式瘋傳……因為它挺有趣的。

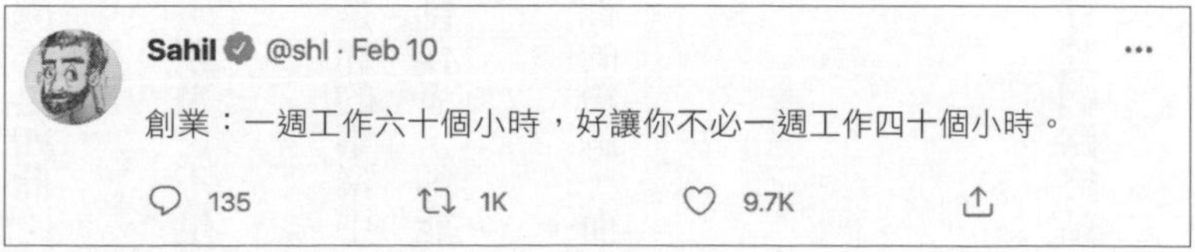
Sahil @shl · Feb 10
創業：一週工作六十個小時，好讓你不必一週工作四十個小時。
135
1K
9.7K

在你試圖這樣做時難免失敗，我當然也失敗過；說笑話真難。此外，因為娛樂是三者之中最主觀的一項，所以你會更難釐清為何哪些做法成功、哪些又不行。不過，建立品牌的難處正是如此：模糊不清的「軟」元素，並非直接與你為顧客所創造的價值相關。

思考看看你最愛的品牌，以及它們是用什麼方法溝通。耐奇(Nike)不是在賣鞋子，蘋果也不是在賣電腦。它們直接瞄準人心，或是引人發笑，你也應該這樣做。

不過別忘記：儘管社群媒體有趣又誘人，常常能讓人坐擁上百萬追蹤者，它並不是你的事業中最關鍵的部分。我曾看過有幾千萬追蹤者的創作者經營失敗，而只有幾十位追蹤者的創作者，卻能賺到前者數倍的收入。

那是因為，社群媒體是漏斗的頂端，召集而來的大多是陌生人。其中多數還不是你的粉絲，而且幾乎沒有人是你的顧客。

你還需要花功夫把他們轉換成顧客，而要做到那一步，你必須讓他們給出承諾。

漏斗中層：電郵和社群

別說它是捲土重來。電子郵件自從網際網路的發端便已存在，而且可能會持續留存到網路終結之時。

推特、YouTube、Instagram和臉書，隨時都有可能奪走你的事業——透過調整演算法、關閉你的帳號，或是要求你付費才能顯示在別人的動態牆。所以，即使社群媒體在擴大傳播方面有機會極為有效，但你其實是在租來的土地做開發。

這也就是為什麼，一旦你在社群媒體上有了追蹤者，你就應該開始建立電郵寄件名單。

電郵是「點對點」形式，讓你可以直接與顧客聯繫，不必因為某家私人企業、某種演算法或你有沒有花錢買廣告而受到控管。此外，如果你有某個人的電郵信箱，代表對方把你當成朋友，而不是陌生人。

當然，你不會對朋友濫發郵件，所以你也不該對名單上的人們這樣做。在你安排電郵內容時，採用你分享其他內容類型時所使用的三級架構。先是教育，再來是激發，最後是娛樂；理想中你三種都會做。

正如你在打造產品前會先打造流程，你的電郵寄件名單初期版本可能只是一份每日或每週更

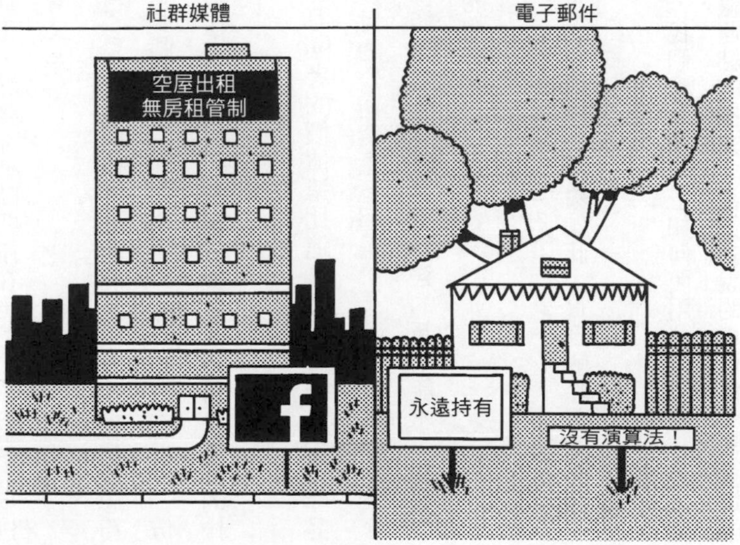

新的試算表，記載著你的親朋好友、你的早期顧客，以及社群內已經對你的產品感興趣者的電郵資訊。隨著名單擴大，你會想要把這個流程的各步驟自動化，好讓你把時間用在更有價值的地方，例如讓這個名單透過銷售、社群媒體和內容擴散來自行增長。

若想自動化，你可以使用像Mailchimp或ConvertKit這樣的電郵行銷服務，來蒐集你最死忠粉絲的電郵資訊。為了提高誘因，你可以用贈品來換取他們奉上電郵，例如一本迷你電子書、一份PDF格式的小指南、一支影片、一系列能幫助他們解決某項問題的電郵，或是一份用於自評的檢核清單。

你可能無法擁有上百萬名電子報訂閱者，但每位訂閱者的價值遠比追蹤者來得高。扣掉產品本身以外，Gumroad的電郵寄件名單或許是我們最寶貴的公司資產。超過二十萬名創作者訂閱了Gumroad的電子報。每當我們有些大事——例如某種能讓創作者賺到更多錢的新功能——想要發表，我們可以直接告訴他們所有人，不必經過任何人的允許。

（既然談到這裡，請訂閱我們的電子報：。）

幾年下來，他們已經從我們這裡獲知訊息好幾十次，未來也會持續如此，直到解除訂閱將我們分開。

你也可以用其他方式鼓勵人加入訂閱。在前一節，我們深入探討了如何使用社群媒體。下一次你有某則推文瘋傳時，你可以回覆一則附有訂閱電子報連結的推文。當你想說的事情需要較多篇幅時，把它寫進部落格文章並分享其連結；而在文章末尾，讓人們知道加入訂閱便可獲取更多內容。

去瞧一瞧你最喜愛的部落格，我敢說你會注意到在網站底部有個表單，並以贈送禮品來促銷，這個做法時常被稱為「誘因磁鐵」(lead magnet)。

最後，當你完成一次銷售時，幾乎所有服務都會允許你詢問與蒐集顧客的電郵信箱，同時也包括其他你可能會想要求的各種資訊（例如他們的名字，或是他們的居住地）。

太多創作者或許是受到亞馬遜影響（因為它不提供買家資訊給賣家），認為銷售在付款之後就結束了，不把銷售當成是一段關係的開端。而我們做行銷的方式，可以讓你建立一群會反覆不斷地聽你說話的受眾，在他們購買你的商品之前和之後皆是如此。

要把這件事情做好而且獲得最大效果，你必須頻繁與名單上的人們互動。規劃一套行程，不管是每週一早上、每週六晚上，甚至是每月僅僅一次都好。現在就決定，要改可以隨時在未來改。

你越是持續這樣做，你就越快能找出哪些事情適

你的社群日曆	一	二	三	四	五	六	日
	X		X		X		
			X				
					X		

合你——不只是哪種內容類型有效，還包括平台本身。你的顧客會在不同平台消磨時間，你得主動出擊尋找他們。

如果每個月寄一次電子報的模式，是你能做到且更適合你的事業，你就不必每週發四篇部落格文章。跟社群媒體經營一樣，實驗看看怎麼運用你的電郵寄送清單能獲取最佳效果。如果你寄了某種內容，結果有大量讀者取消訂閱，就別再做那件事。但如果你提供你的知識、智慧、經驗和某種折扣，而且你看到讀者有所反應，那就一再如法泡製。

最終，你的事業會開始有機增長，你就不再需要反覆推動巨石上山頂了。隨著你找到你自己的成功，社群媒體演算法會主動推送你的內容給新的追蹤者，讀者會把你的部落格文章分享給朋友，顧客會開始散播口碑。你能怎麼幫忙他們呢？答案是，創造更多他們會想分享的內容——那些能幫助他們教育、激勵和娛樂他們自己的受眾的內容。

勞拉．蘿德怎麼運用行銷來成長

我把社群媒體視為優先事項，其他極簡創業家則另有想法，Paperbell和MeetEdgar的創辦人勞拉．蘿德（Laura Roeder）便是如此。Paperbell是她在二〇二〇年創立的軟體公司，個人教練可用其產品管理行程與客戶。她決定使用搜尋引擎優化導向的內容行銷來與受眾互動，於是在早期便聘請一位搜尋引擎優化顧問，把她的受眾會搜尋的關鍵字編輯成一份試算表。起初，她擔心使用搜尋引擎優化會降低Paperbell為教練們提供的內容與資源品質，但它反而讓她能更專心寫作，進而造就了有機增長。她表示：「搜尋引擎優化的美妙之處，便在於它是放眼長程。如果你投注心力於其中，它的表現只會越來越好。」

儘管她確實希望最終能主動在臉書和Instagram累積追蹤者，當前她的精力主要放在定期發表部落格文章和寄送產品新訊電郵，後者她形容是她最喜愛的行銷文案。在這個階段，所有Paperbell新加入軟體內的調整，都是出自回應顧客的要求，所以新訊電郵可以做為取悅長期關注Paperbell進展顧客的機會。她表示：「創辦人花了非常多時間研究行銷策略，但唯一能確認何者有效的辦法，就是實際去嘗試，看看你是否喜歡，以及你的顧客是否有回應。」身為多家公司的創辦人，她發現沒有哪種做法能適用於所有人和所有行業，而這讓她感覺無比自由。

她會知道這一點，是因為她在創立MeetEdgar和Paperbell之間做出改變。MeetEdgar是她在二〇一四年開發的社群媒體排程工具，她和她的團隊沒有提供試用期，因為該工具需要用戶付出時間來學習與設置。但在那之後，人們在研究工具和考慮軟體選購的行為發生了轉變。

蘿德說：「免費試用如今是基本門檻了。」新顧客現在對行銷資訊不感興趣，他們會開啟六個網頁頁籤，立刻比較各種選擇的差異。MeetEdgar起初嘗試過邀請制，但目前MeetEdgar和Paperbell皆提供了試用期。

蘿德非常相信從第一天便開始建立電郵寄送名單的重要性。Paperbell的名單來自於她的第一批顧客，以及那些申請免費試用的人士。她也會定期更換網站上的誘因磁鐵，藉此蒐集更多電郵資訊。這份名單對Paperbell之所以重要，在於它是給個人使用的低成本軟體方案，而不是瞄準團隊用戶，因此花時間製作示範影片或組建專責銷售團隊並不划算。

蘿德表示：「許多創業家認為自己必須開創某種全新事物，但在成熟市場活動會讓你的工作簡單許多。」以目前大家在網路上選購的模式，你若能持續不斷推動高品質行銷，代表人們會注意到你，你也不必非要推出獨特的產品類才能成功對抗大公司。相對來說，透過有耐心、具戰略性的穩定行銷，你可以把優質的軟體和社群，打造成一個有影響力的永續事業。

最後再花錢

那些「募得百萬美元」和「估值十億美元」的報導，受人關注的生命週期多半不長，而且視聽對象是志向遠大的創業家，不是像你顧客那樣的人群。以這種方式打造你的受眾不會奏效，因為才成立一個月的新創事業，除了「某幾位富人給了這家公司一些錢」這樣的內容以外，沒什麼東西值得報導。相信我，我知道內情。

絕大多數你所看到的成長，是用錢堆出來的。如果你嫉妒某人能不斷獲得媒體報導且公司成長驚人，請銘記在心，他很可能正在靠燒錢取得顧客，而一旦資金用盡，他對顧客所承諾的體驗或產品，隨時可能戛然而止。這其實就是不惜一切代價追求成長。

這樣做可說是退步。你開創事業是為了幫助你關心的一群人，你是提供你的產品給他們，而不是廣告創意。但每當有那種案例成為鎂光燈的焦點，大家很容易就落入陷阱。你的產品並不會適用於所有人，因此你不必嘗試觸及所有人，那實在太貴了。此外，如果你正在花錢取得追蹤者、顧客或產品曝光度，不管用什麼詞彙包裝，你其實就是在買廣告。

廣告形式五花八門，包括展示型廣告、社群媒體廣告、報章雜誌廣告、戶外廣告、廣播或播客廣告、直郵廣告、廣宣影片、產品置入、活動行銷、網紅行銷、電郵行銷等等。

這一組複雜又讓人困惑的兔子洞個個昂貴，所以在你決心跳下去之前，能拖多久就盡量拖。理想中，你應該要已經清楚知道哪些做法行得通，唯有此時你才花錢讓效益加速產生。

跟你的事業相關的故事，會是講述你歷經的艱辛、你吸引到的顧客、你學到的事情、你走過的旅程。這些故事會創造更多粉絲，而粉絲會變成你的顧客，顧客又會跟其他人聊到你的事業。

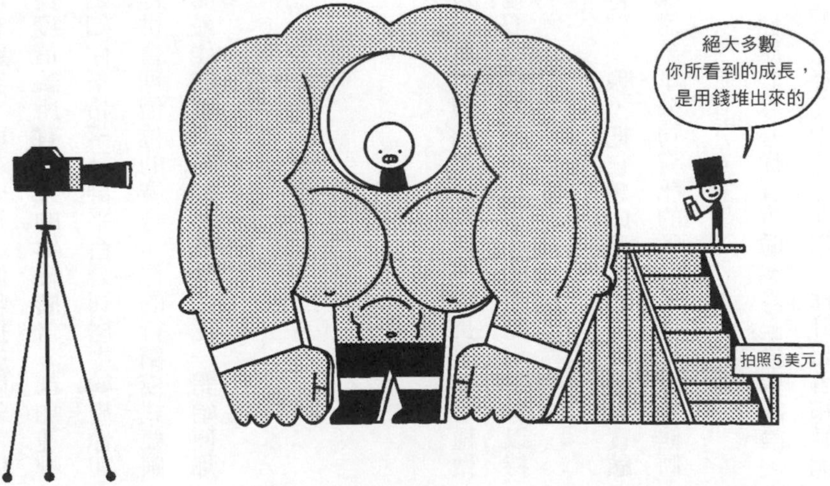
絕大多數
你所看到的成長，
是用錢堆出來的
拍照5美元

此外，你還有另一個理由去研究怎麼利用你的時間和現有顧客來取得成長。仰賴投放廣告，即使目前對你來說有效，最終有可能會變得太昂貴。新冠肺炎疫情讓所有產業的傳統廣告，都加速轉移到數位廣告，長期來說勢必導致數位廣告的價碼提昇。正如你不希望社群平台公司居中斡旋你與顧客的關係，你也不會希望你的商業模式仰賴於外部公司提供合理價位的廣告。你的行銷模式要跟你的事業其他環節一樣，調整到具備永續性，越快越好，而最佳的調整時機，就是打從一開始便那樣做。

花錢在顧客身上

像PayPal和優步（Uber）這樣的公司，會在創業初期花幾百萬付錢給用戶以促進成長，但這種做法可能成為獲取真實成長的絆腳石。如果人們只因為能夠獲取物質獎勵才分享你的產品，這難以持久。

取而代之，你可以思考把酬賓方案（loyalty program）做為行銷一環，把它想成是真心提供給忠實顧客的獎勵。例如，對於在線上撰寫公司評論，或是在社群媒體分享公司資訊的顧客，你可以給他們折扣。

你終究會開始煩惱如何搶佔頭條報導，但以目前來說，你應該專心從真實顧客身上獲取評論。一旦你的事業開始成長且能永續，你就可以往外發展，去聯絡我在第四章提到的社群記者和微網紅。現在你已經準備好免費提供產品給評論家或更知名的網紅，或者你也可以提供樣品或公司獨家資訊給相關領域的部落客和記者。不過最重要的是，你可以只講述你的故事——你可以做自己。你奮戰不懈、歷經艱辛才走到這裡，你讓其他人看到，他們的努力與苦難也有機會獲得回報。

餐前酒品牌Haus的共同創辦人兼執行長海倫娜・漢布萊希特(Helena Hambrecht)，在「徵召最佳顧客成為行銷人員」方面看到無窮潛力。這是她與身為釀酒世家第三代的丈夫伍迪・漢布萊希特(Woody Hambrecht)所採納的行銷方法，用來推廣他們直接對消費者銷售的低酒精天然酒飲。

兩夫婦欠缺資金去做付費行銷和顧客獲取，所以打從Haus推出第一項產品開始，她就聯絡了所屬社群，並對新聞界和網紅暢談她的故事——她找上的網紅，是那些她知道會對企業故事，以及她在社群媒體上發布的內容(包括一些她的相片)感到興奮的網紅。

由於預算有限，Haus不可能自行產製他們在社群媒體上所需要的所有內容，這也就是為什麼海倫娜深信「把力量交在顧客手上」。Haus仰賴顧客生成的內容來推動口碑。用手機拍攝的低品質影像，配上顧客的真心告白，傳達出後來成為Haus品牌特色的真誠感，而且能打動潛在的新顧客。

海倫娜表示，關鍵在於建立關係，讓投稿者感覺受到珍視，並且提供必要工具，讓他們能拍攝出不只能用於Haus行銷，他們自己也會覺得自豪的內容。她說：「有影響力的行銷，不見得需要很花俏。它需要的是有真實感。」儘管Haus確實有花錢買廣告，她發現廣告在搭配眾多有機內容拉抬時效果最佳。

海倫娜、我自己和許多人相信，這是讓付費行銷有意義的唯一方法。廣告是非個人化的公開贊助手法，用於鼓吹某種概念、某位候選人、某家公司或某個產品。壞消息是，我們生活的世界仍然有願意砸下千百億重金以觸及大量群眾的大公司，而創業家得對抗迪士尼、可口可樂、耐奇等巨擘的老練行銷部門和廣告代理商。

儘管科技未能徹底促成公平的競爭環境，它確實讓廣告變得公平許多。如今有更多廣告版位可買，瞄準了較小的受眾，而一旦版位越多，你的花費就會越少。對那些未能名列《財星》五百大企業或受到創投業者注資，欠缺高額廣告預算，但擁有互動密切、定義明確社群的小公司來說，這是一個好消息。

你可以在Yelp或Instagram下廣告，挑選一個特定的地理區域，或是只投放給感興趣的人士，例如鍾愛約翰·辛格·薩金特(John Singer Sargent)油畫作品的那群人。如果你正在銷售油畫課程，教導學生如何畫出二十世紀前後印象派風格的人像畫，這個做法有可能非常有效。

對那些事情感興趣的人士之中，有許多人還是不會購買你的產品或服務。愛吃冰淇淋的人們之中，有許多人不會買你的冰淇淋。他們可能只吃不含乳製品的品項，或是只在約會之夜吃，或是比起真正吃下肚更喜歡用看的，也說不定是曾經天天吃導致現在吃怕了。天曉得答案是什麼？你肯定不會知道。

但有人知道答案——容我向你爆料：臉書。你不需要完整的行銷部門，只需要一個臉書帳號。透過它的協助，你每週只需要花費幾個小時，就可以跟世界上最大的品牌競爭。

借助於「類似廣告受眾」

我已經提過，受到軟體和網路影響，運用廣告可取得的成功規模日益縮減。每當你上網瀏覽，臉書和谷歌便蒐集了你的興趣資料。它們知道你現在需要、想要和喜歡什麼，甚至能預測你明天需要、想要和喜歡什麼。無論好壞，這件事已不足為奇。

蒐集並運用顧客資料，已經是被大眾接受的策略，但這也難免引發網路隱私爭議。打從一開始我就表明，極簡創業家應當是販售產品給顧客，而不是販售顧客資料。實務上，這代表為你的顧客打造出能解決某個真實問題的產品，只販售給已經被你的產品說服的顧客，以及只寄送重要資訊而非濫發廣告郵件，給主動加入你的電郵寄件清單的人士。

同樣的道理也適用於投放廣告。如果你選擇花錢下廣告，你應該以某種能讓你的顧客高興的方式去做。這樣做額外的好處是，你將能以較少的費用來觸及每一位新顧客。

我們在Gumroad完全不會花錢做付費式顧客獲取，理由有三點：(一)我們可以直接觸及創作者；(二)創作者使用Gumroad時，便會讓他們的社群注意到我們；(三)我對我們目前的成長速度感到滿意。但付費廣告有可能會是其他公司的有效工具，例如銷售高品質消費性產品的行業。儘管如此，當用戶成為精準行銷廣告的對象時，你應該認真考慮他們會在意的資料隱私爭議。終極來說，你必須決定付費式顧客獲取，是否適合你自己和你的事業。

如果你真心決定要花錢，你會很高興自己是等待之後才花，因為現在你對顧客真實樣貌有了更深層的瞭解，也因此能設想還有哪些人適合這樣的描繪。

舉例來說，你可以詢問（以及付錢給）臉書，問它是否正好知道哪些人跟你的顧客密切相關。這群人稱為「類似廣告受眾」（lookalike audiences），臉書把他們描述成：「一個觸及可能會對你的事業感興趣的新群眾之方法，因為他們與你的現存最佳顧客有相似之處。」

每家公司對這類廣告各有不同的稱呼，例如Pinterest把它稱為「類行為受眾」（actalike）。如果你真心打算下廣告，這會是不錯的起步做法，但別忘記，這一類的精準行銷廣告也日漸變得越來越貴，有可能會使原本能夠永續的事業不再如此。

有上百萬種不同方式下廣告，我再怎麼說也說不完，不過你應該鮮少（或永遠不）需要下廣告。主要透過有機成長打造的事業，從一開始便富有耐久力，還會隨著時間演進而變得更耐久；而那些嚴重仰賴付費廣告的事業，此時則會開始面臨困境。

與其花錢，不如花時間。建立關係，培養會散播口碑的熱情顧客，接著再考慮從利潤之中撥一點點出來，試著稍微拓展你的疆界。如果你能那樣做，你的公司就會保持精實，以穩定的速度成長，永遠不會過度擴張。

漏斗底部：銷售

終極來說，行銷完全是為了這件事：以大規模的方式銷售給客戶。好消息是，至今你已經有許多這樣做的經驗了。

這也就是為什麼漏斗的這個部分又短又甜美。你已經費盡心力去打造產品、尋找首批顧客，並且確保你有解決掉他們的問題。現在你可以陶醉於你辛勞後的成果，因為你要吸引到下一位顧客所需的業務，有許多已經規模化，開始由你的行銷接手。

▲重點整理

- 行銷不是在於登上頭條，而是要打造粉絲。
- 從教育開始，接著是激勵，然後是娛樂。這三種等級的內容，每一項都比最後提到的付費廣告能觸及更多人。

- 付費廣告有其作用，但也有缺點。如果你真心決定花錢，盡可能多等待，因為你等待越久，就越能瞭解你所試圖觸及對象的樣貌。

▲延伸學習

- 閱讀傑・康瑞德・李文生（Jay Conrad Levinson）的著作《游擊式廣告》（*Guerrilla Marketing*）[2]。
- 閱讀奇普・希思（Chip Heath）和丹・希思（Dan Heath）的著作《黏力，把你有價值的想法，讓人一輩子都記住》（*Made to Stick*）[3]。
- 收看丹尼爾・瓦薩洛所錄製的影片課程。
- 閱讀我所撰寫的一份指南（room.club/tips），內容是關於如何在Clubhouse打造受眾。

---

2 編注：《*Guerrilla Marketing*》，Jay Conrad Levinson，Houghton Mifflin，2007。

3 編注：《黏力，把你有價值的想法，讓人一輩子都記住》，奇普・希思、丹・希思，柿子文化，二〇二〇年出版。

6

追求自身與事業的成長時警覺謹慎

人生有如騎腳踏車，若要保持平衡，你就得持續移動。

——阿爾伯特・愛因斯坦（Albert Einstein）

原地不動正是往後倒退

在這一章，我們會討論當你的公司開始獲利，而且具備有機增長的顧客基群之後，接下來會發生什麼事。對某些人來說，本章內容可能恰好切題，但即使你尚未抵達那個階段，也請不要跳過這一部分。因為你若能現在開始思考如何達成持續性的成長，避免發生創業者易犯下的普遍錯誤，你就可以在未來逃過許多心痛時刻了。

你或許已經為你自己和你的家庭賺到足以舒服過活的金額，理論上你和你公司的旅程至此已可告終。但對許多人（包括我）來說，創業的目的並非在於打造一個生活方式型事業，小有所成後便找塊海灘退休。每位創辦人追求公司成長的理由各有不同。就算我在二〇一九年時，已經能心平氣和地看待Gumroad未達獨角獸企業規模的成果，我仍然持續致力於它的發展——其一，是因為這件事不只有趣，而且為持續改善的專案盡心力，也讓我感覺滿足；其二，則是因為替我們的創作者尋找創造價值的新方法，讓我心情愉快。

此外，原地踏步老實說終究行不通。世界不斷在改變，我們自己和我們的事業也必須隨之改變，原地不動正是往後倒退的絕佳方式。你不需要公司瘋狂成長，但你也不會希望公司成長停滯。

我目睹許多公司上演過這一幕。它們解決掉問題，心態變得自滿，幾年之後逐漸流失顧客，聘僱的員工不再充滿熱情。但做為一位極簡創業家，重點並非只在於擁有一家不必佔據你所有心力的公司，也關係到擁有一家你想要持續投入的公司，即使你已經不需要再為它付出也一樣。

在這個階段，真正的問題是：當我打算促進成長時，我該怎麼做，才不至於損害我為顧客帶來的影響，或是破壞我所建立的生活呢？表面上看來，答案似乎直截了當，堅持到底直到成果顯現為止。但緩慢且持續性的成長，其實是自成一格的挑戰，需要有意識地做出經過審慎思考的決策。

當事業失敗之時，多半不是因為預料之外的變故席捲而來，而常常是因為在同樣一組錯誤之中發生了一或更多項：存貨或辦公空間耗資過多、太急於擴大招募、共同創辦人彼此內鬥。稍後我不只會討論到如何避免發生這些錯誤，還會說明如何處理它們，因為即使你有心避免，其中幾項錯誤還是難免發生。

有兩類自我傷害型的錯誤（或稱為「非受迫性失誤」）需要注意。第一類是與耗盡資金相關，第二類則是與耗盡精力相關。

讓我們先從認識一些基本經濟學開始，接著再陸續討論。

別花你尚未擁有的錢財

商業中最重要的方程式是：利潤等於營收扣除成本。

聽起來實在有夠簡單：賺得比你花得還多，你的公司就可以永遠生存下去。賺得比你花得還少，那麼你終究會失敗。

不過你會很驚訝，創業者常常忽視盈利能力（亦即永續能力），全心投注於產品開發、成長、招募等等其他事務，直到資金耗盡。Y孵化器的創辦人保羅・格雷厄姆，能夠根據一家公司「註定死亡或持續生存」來評估其前景。如果支出和營收保持不變，這家公司是死是活？難以置信的是，與格雷厄姆交談過的創業者，有一半答不出這個問題。

根據格雷厄姆的經驗，創業者之所以不知道答案，是因為他們不認為自己需要知道；如果前景堪憂，他們指望投資者會衝過來救援。但如果你是自助創業，你必須緊盯自家公司的資產負債表，因為沒有人會在你犯錯時伸手救援。

我先從顯而易見的事情說起。基於你銷售過的前一百位顧客，以及你透過我在前一章講述的行銷技巧而取得的額外顧客，你應當已經產生了營收。所以，如果你目前有利潤，你應該有辦法保持下去，假使你能專注處理方程式中尚未討論到的唯一環節：成本。

有兩種成本存在。第一種是變動成本(variable cost)，又被稱為銷貨成本(Cost of Goods Sold, COGS)：即每銷售一邊際單位產品所相關的成本。在實體產業裡，銷貨成本包括勞力、包裝、原材料等等。對九〇年代的軟體業來說，銷貨成本並不是零，因

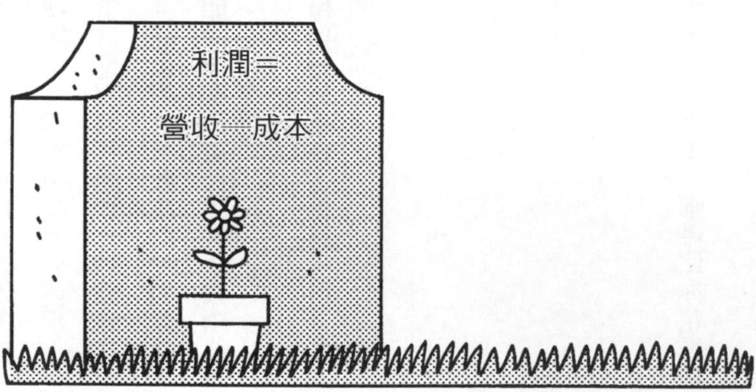

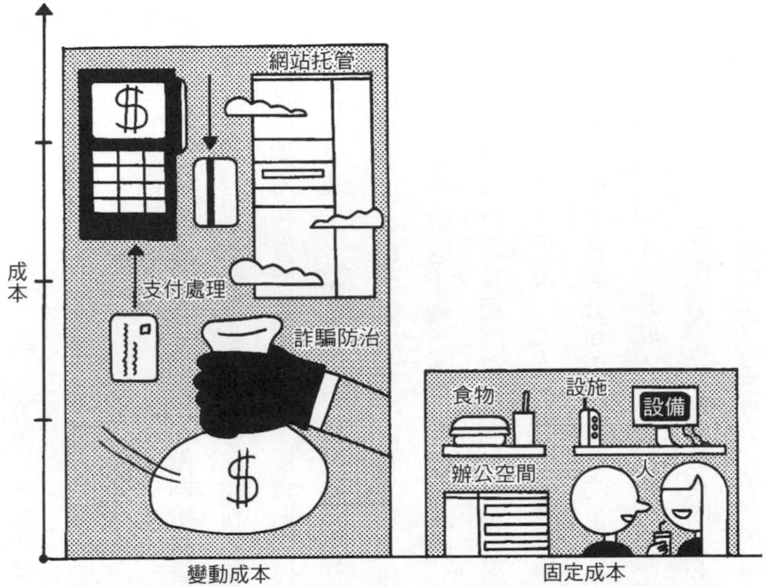

為軟體必須燒進光碟，然後鋪貨到店面銷售。

後來事情有了大幅轉變。在網路上「推出」(shipping)電子產品，基本上不需要費用，而網路也讓線上收取費用變得便宜許多。例如，我們在Gumroad所收到的每一美元，大約有四十美分是用於變動成本，包括：支付處理費、網站托管費、其他基建費用，以及詐騙防治費用(這是幫助人們進行線上交易的必要之惡)。

於是我們在每一美元營收之中剩下六十美分，但這六十美分還不是純利，因為我們仍得支付第二種成本：固定成本。固定成本不會隨著我們的營收和每一增量產品銷售增加而線性成長，從網域名稱費用到某些線上服務都包含在內，但它們並不是我們或大多數事業的主要支出，無論是不是極簡事業皆然。固定成本的首要花費是人。

我們會在下一章討論「將人帶進公司」有何意義，但目前我們只先說到，員工、他們所需的設備和辦公空間、網路連線、辦公室保險、冰箱裡要放的零食、電費支出……等等，這些事情得花上一大筆錢，而且花得理所當然。我們從討論你自己開始，所以……

- **付你自己越少錢越好，至少在剛開始時這樣做**。你是創辦人，但你同時也是公司的第一名員工。把自己當成員工，別想著拿股利，而是付自己年薪（就算只有一美元也好），然後隨著時間演進，調薪到你能負擔的程度。這會迫使你努力把你的系統建立起來，於是你會更明白自己需要多少錢才足以營運公司，而不是只想著販售你的產品。

  如果你擔心自己難以維持生計，我能理解，這也是我建議先把你的事業當成副業的理由；在你辭退正職之前，先付出時間、精力和創意，讓你的事業具備盈利能力。接下來，你可以在利潤許可範圍內付自己錢。以我為例，在Gumroad起步階段，我每年付自己三萬六千美元，大約只夠支應在舊金山生活的基本開銷。幾年下來，我給自己更多薪水，但始終與公司內最低薪的員工相連動：先是六萬，後來是八萬五千。二〇一五年公司狀態不佳那時，有一段期間我拿零元薪水。目前我則是付自己年薪十二萬美元。終極來說，你應該盡可能削減公司內非必要的支出，但也要記得你的目標是給自己足夠的收入過生活，好讓你專心處理真正重要的事情：幫助你的顧客解決他們的問題。

- **聘僱軟體，不要聘僱人**。人很貴，軟體則否，這通常是因為許多軟體是在輔助公司成長的名義下，由創投業者資助開發的。利用這一點，使用Pilot或Bench這樣的軟體，你就不必聘僱會計師或財務長；用Gusto計算薪資和福利只需要五分鐘。因為你延後聘僱人員的時間，你同時也省下所有與管理人員職務相關的薪水，例如人資人員或行政主管（詳情後述）。那些便宜的軟體工具能幫你完成多少事，可能會讓你很驚訝。舉例來說，你可以聘請專人，負責在每次有新顧客註冊時聯絡對方，又或者你可以使用Zapier這樣的自動化工具發送跟進電郵，並把這些新顧客加進待聯絡清單之中。

- **別找辦公室**。我在新冠疫情之前便這麼認定，而成千上萬尚有疑慮的人們，如今也有相同想法了。辦公室會產生非常巨大的相關費用，而且你得管理它。除非你真的需要辦公室，否則盡量避免它。（如果你真的很想要有辦公室，你可以在打造出有意義、具永續性的事業後再找，當成是給你的獎勵。）

  在這場疫情推波助瀾之下，套用Spotify創辦人兼執行長托比·呂特克（Tobi Lutke）的說法，如今已有一長串產業變成「默認數位化」（digital by default），但像Upwork等其他公司，也一直運用分散型團隊來蓬勃發展。無論如何，即使是谷歌、微軟、摩根史坦利（Morgan Stanley）、摩根大通（J.P. Morgan）、第一資本（Capital One）、Zillow、Slack、亞馬遜、PayPal、Salesforce和其他巨頭與大型企業，都在二〇二〇年之後擴展了它們的在家工作方案。如果他們不需要辦公室，你或許也用不著。

- **別搬去矽谷**。在二〇二〇年之前，我就已經會說：「別辭職，別搬去舊金山；不算經過起始點，不能（向創投業者）領取兩百元。「畢竟舊金山生活昂貴，交通繁忙，不是養兒育女的好地方，連養隻狗都不怎麼合適。如今在後疫情時代，遠距工作已經成為新常態，這代表你可以待在你原先居住的任何地方。Y孵化器前執行長山姆．阿特曼（Sam Altman）曾說，他「很興奮地看到舊金山必須跟其他城市競爭」。我有同感。在較小型的城鎮創業，不只更便宜且競爭性較低，也對在地社群更有幫助，而我們之前已經學到，社群發展會為你的事業帶來好處。

- **外包所有事情**。一開始，每天都是你自己獨攬一切。後來你引入了軟體。但你和你的機器人大軍有其極限，你終究會需要人幫忙。不過，在你聘僱第一名全職員工之前，先跟自由接案者合作。我並不是要你剝削那些努力工作的好人，吝於支付他們應得的費用。我的本意是聘僱那些未來的創辦人和潛在的極簡創業家：提供他們在一家運作良好、具盈利能力的公司內學習的契機；支付他們豐沛的報酬；而且給他們機會在賺錢之餘，還能自由運用剩餘時間——說不定他們甚至會把時間用來開創自己的極簡事業。

如果你能運用上述戰術，把成本控制到低於營收，你的事業應該就不會倒閉了；更好的是，你會有個值得留存的東西：一家為眾多顧客提供服務，具盈利能力、有永續性且成長中的公司。如今已不再是由市場決定你所打造的東西有沒有價值，而是看你自己會不會讓它失去價值。

（這些事或許會讓你感覺不知所措。做為輔助，我在本章末尾的「延伸學習」段落，納入了Gumroad真實的損益表，內含我們的各種成本，以及簡化過的範例。）

在上一章，我描述過多蘭一家怎麼利用YouTube影片，讓密蘇里之星絎縫公司從一家艱苦經營的家庭式機織絎縫店鋪，成長為跨國絎縫企業。回首過往，密蘇里之星的成功似乎會讓人覺得是預料之中，但這家公司剛起步時並不像是前途無量，甚至曾面臨生存危機。艾爾·多蘭表示：「創業四年之後，我們才開始獲利，能夠付自己薪水。我們一手包攬所有事務，包括裝潢我們買下的建築，因為我們慢慢瞭解到哪些事情是同時適用於我們的顧客和公司本身。」

對密蘇里之星來說，好消息是相較於矽谷或其他工資與地產價格高昂的城市，在漢密爾頓市營運更容易控制成本。艾爾說：「一開始所使用的一百四十坪店面，我們以為永遠夠用了。」但他們最後必須把公司庫存分散到各家分店，以便存放特製布料、絎縫工具和飾條。隨著密蘇里之星規模擴展，原本的「零售店面即倉庫」模式——在實體商店工作的人也負責處理線上訂單——開始瓦解，因為員工無法同時應付親自上門的顧客與線上銷售。

解決方案顯而易見，但也相當嚇人：為了滿足顧客需求，密蘇里之星必須把實體和線上的業務分開，而這代表新的倉庫、庫存增加，以及更多員工。身為極簡創業家，艾爾與其家人擔心公司

1 譯注：原句（Don't pass go, and don't collect $200）出自桌遊「大富翁」（Monopoly）某張機會卡的說明文字。當玩家經過起始點（Go）時可向銀行領取兩百元，但該機會卡直接把玩家送進監獄，且此移動過程不算是經過起始點（故不能領錢）。此處作者疑似暗嘲搬去舊金山後的生活會宛如進監獄。

的變動成本將會因此遽增，但因為密蘇里之星已有利潤，而且營收每年都在增加，所以他們有信心（也有財力）來支持這次擴張。

同時，艾爾也有足夠的創業經驗，知道試圖維持失靈的系統且避免成長，並不是一個好主意。他表示，「我們直到有一百五十位員工之後，才開始聘僱人資人員」，因為他覺得花錢請人做他自己多年以來都在做的事情很浪費，「就算我做得挺糟也一樣」。直到發生過幾次意外，加上有位具人資背景的朋友幫忙斡旋之後，艾爾才明白投資在人資方面有其價值。他說：「不然，你最後得做好幾份全職工作。」

密蘇里之星除了對多蘭一家的意義以外，它也為其公司總部所在地的小鎮帶來轉變。二〇一九年，當珍妮．多蘭被問起密蘇里之星為社群造成什麼影響時，她答道，起初「我認為我們只是在縫紉」，但現在他們僱用了四百名員工。為了發展密蘇里之星，他們又開創了縫紉公司、編織公司和藝術公司。珍妮說：「在這一刻，我們想到的點子比我們持有的建築還多。」

多蘭一家的故事，能讓極簡創業家學到許多不同經驗。就算把成長當成目標，成長本身便是對追求成長的挑戰。公司人才濟濟、具有市場潛力，卻還是落入困境的狀況，實在太常發生了——問題不是來自顧客或產品，而在於營運公司時那些雖不光鮮亮麗卻不可或缺的環節：運作、財務、人資、法務。在創投業界，幾百萬美元浪擲豪賭，使人們容易過度行事，把錢揮霍在設置撞球桌和免費食物，還認為那是慷慨大方。

別陷入「成功企業看起來應該要像這樣」的迷思。持續做有效果的事情，不去做或改善沒效果的流程，而且一直、一直、一直要注意各種數據，並隨時傾聽顧客的心聲。

專注於你的顧客想要的事情

你在調整營運時所該一再使用的音叉，其實相當單純：你的顧客。你的顧客並不希望你蓬勃發展、快速成長。他們不在乎你多富有、是否登上《富比世》的傑出青年榜單（30 Under 30）、你向哪些創投業者募集資金，或是你聘僱了多少員工。他們希望你的產品效益有所提昇，以及你的公司會留在市場上，就這樣。

亞馬遜用了一個好方法來思考這件事：「每次在亞馬遜總部召開董事會時，會擺上一張空椅，代表著客戶和他們的聲音。所以每項已經開發或創造的事物，都會受到客戶之聲的檢驗。會議參與者會詢問那道聲音，彷彿他們設身處地成為了客戶——這項產品為什麼對我很重要？它帶來了何種價值？我們真的需要這項服務或產品嗎？」

即使我們不是試圖打造更多的亞馬遜公司，對正在職掌剛出現利潤且成長中公司的極簡創業家來說，這種態度其實更為重要。Circle Media和A Kids Book About的創辦人杰拉尼．梅莫里（Jelani Memory），他身為非裔美國人與六個孩子的父親，難免會發現自己在餐桌旁與繼親子女們（四白二棕）討論種族歧視議題。梅莫里決定為他的孩子寫一本書，藉此用他們能夠理解的方式，來描述梅莫里自己對於種族歧視的經驗。

《一本關於種族歧視的童書》(A Kids Book About Racism)內容簡樸，沒有插畫。梅莫里花了四週時間製作這本書，他自豪地設計並印製了一本。該書可以做為發起話題的契機，讓他與子女討論艱澀的事情，而當他驕傲地將書籍展示給他的朋友和其他父母時，許多人也想為自己的家庭買一本。儘管當時他正忙著為Circle Media進行B輪募資，開設一家出版公司的念頭已經在他腦海生根，於是在二〇一九年一月，他協議退出公司經營。

就在那時，梅莫里開始告訴所有他認識的人，他對創立A Kids Book About的想法；這些人畢竟是他的早期潛在顧客。看到他們的反應，並感受到「人們臉上神情所帶來的可能性力量」，不只輔助了梅莫里改善事業計畫，更驗證了他的大計畫——發行易引發爭論、賦權式議題相關的童書——的可行性。

這股活力促使他衝破創業初期的挑戰，包括學習出版業的各種事務和庫存管理。他在二〇一九年公佈A Kids Book About的上市消息，並推出十二本書籍。公司穩定成長，但不算特別出色，直到二〇二〇年五月發生轉折。在喬治．佛洛伊德(George Floyd)於二〇二〇年五月遭警方殺害的隔日，[2]「A Kids Book About的單日銷售足足有上個月總銷售量那麼多」，梅莫里說道。「下一天，銷售是前一天的兩倍；再下一天，銷售還是兩倍，而且持續如此。於是在這十天期間，A Kids Book About創造了超過一百萬美元營收。」他們原本預期庫存足夠用到年底，但當時除了兩本書以外，其他品項皆銷售一空。

這些銷售數據讓梅莫里相信，他對產品所抱持的信念正確無誤，也證實了在轉變中的世界尋求成長的可能性。他表示：「有人誤以為付出錢財或投資，便足以合理化且許可我們用傳統且昂貴的方式做事，但這是錯的。重點在於產品、營收和受歡迎程度（traction）。而最重要的是，顧客情感才是你真正需要培養的許可。」

如果你持續專注於能夠驅動銷售以及讓你的顧客興奮的事情，你就會知道怎麼成長——你的顧客會告訴你。而如果你一路走來都重視顧客，就算你哪天不明智地犯下非受迫性失誤，你的顧客（或是沒有顧客）會遠在你以其他方式得知出了差錯之前，便指示你如何重回正軌。

最後，請勤奮地面對各項基本事務。當公司蓬勃發展，讓你忙得喘不過氣時，你很容易為行事草率找藉口，但此刻正需要你以最有紀律的方式，來花費你的時間與金錢。這不只是因為事關公司盈虧，還在於沒有哪件事會比法律糾紛或供應鏈失調，更容易使某家公司的發展戛然而止。

薪水必須準時支付，你得一肩挑起防範法務、財務或運作發生失誤而損害營運的責任。供應商必須登錄進系統並準時支付款項；資訊安全必須做到滴水不漏，用戶隱私格外需要重視。你需要營運一家清白良善的公司，才能建立並維持你與員工、供應商和顧客之間的聲譽。不過，有可能其中一項或多項領域並非你的專業，你甚至不見得具備如何聘僱到正確幫手的基礎知識。別擔心，我們

2 譯注：該事件因白人警察單膝跪在非裔美國人佛洛伊德脖頸處超過八分鐘，導致對方失去知覺並在急救室被宣告死亡，且有目擊者用手機直播佛洛伊德被跪壓期間的影片，引發全國關注。事件曝光後，美國境內各地從和平示威集會陸續升溫成暴亂，讓種族歧視問題再度成為世界焦點。

會在下一章細談聘僱事宜。

到目前為止，好消息是：你的顧客可以替你跟能幫上忙的人們搭線，尤其在你對他們坦承自己需要什麼的時候。他們已經有動機去支援你了，因為他們正在使用你的產品，而且希望讓它變得更好。此外，還有其他方法促使他們更樂於為你的成功添柴火：把他們轉變成股東。

從你的社群之中募資

發展事業可能會在某個時點需要資金，就算是極簡事業也一樣。一旦你知道要怎麼花錢才能提昇既有顧客的生活品質，募資便有道理。例如，Spotify 和 1Password 是在營運數年後才進行募資，因為它們募資時已經有利潤，它們得以維持願景不變，將股權稀釋控制在低檔，並繼續持有公司的所有權。

如果你選擇向創投業者募資（聯絡我！shl.vc），盈利能力會是你協商時的籌碼。但目前還有其他募資的新方法，既能讓你維持公司所有權，又能賦權給顧客。

我所要表達的，並非只是那些投資於更具永續性的事業（或許是極簡事業）的新創投基金，例如 Calm Company Fund（資訊揭露：我是其中一名出資者）和 Tinyseed Fund。這些基金是以較高命中率為目標來設計投資組合，讓它們不至於過度專注於找到某家可以一次回本的投資對象。但它們遠遠不是常態。

我在這裡所討論的主要內容，是一種向你的顧客與社群募資的全新方式：股權型群眾募資（regulation crowdfunding）。

二〇一二年，歐巴馬總統簽署了《啟動新創公司法案》（Jumpstart Our Business Startups Act, JOBS Act），該法案的眾多內容之中，涵蓋了允許像Gumroad這樣的私營企業販售股權給公眾，使得幾乎所有人都可以投資那家公司。二〇二一年三月十五日，股權型群眾募資的合法限額，從一百零七萬美元提高到五百萬。這些新規範也允許公司「試水溫」，允許像Gumroad這樣的公司可以在真正開啟募資活動之前，先測試投資該公司的需求有多大。

我相信群眾募資會改寫募資界的面貌。儘管創投業者永遠會有一席之地，但有誰會比那些明白某公司產品價值的顧客，更適合為它注資呢？而一旦創業者可以在真正募資之前先評估市場需求，我們應該會看到數據急速攀升。

用傳統方式募資最大的缺點，是你創造了兩組不同的利害關係人：你的投資人，以及你的顧客。這種新募資方式把顧客轉變成投資人，讓創業者得以最小化複雜度。突然之間，就只有一組人群需要你服務了：你的社群。

我可以分享個人經驗：二〇二一年三月十五日，我運用股權型群眾募資，讓一部分Gumroad的創作者成為股東。十二個小時之內，我們從超過七千位個人投資者身上，募得五百萬美元。如今Gumroad有幾千位創作者同時兼任我們的投資者，讓彼此的利益能夠更明確地保持一致。

對那些不需要完全自助創業，也不希望仰賴創投業者的公司來說，我希望股權型群眾募資可以做為一條中庸之道。但你的終極長程目標，仍然是盈利能力（亦即永續性）。一旦你掌握了自己的命運，你永遠不該放手。

打造有盈利的自信

我知道自己已經一再重申，盈利能力是你的事業最重要的指標，因為盈利能力是一種超能力。如果你像我們早年這樣靠創投業者提供資金，那麼你的成功是仰賴外在力量；當他們拔掉資金插頭，你就無法再取得電力。你的後備發電機可以讓你多撐一段時間，但終究也會耗盡。

盈利能力讓你脫離電網，允許你選擇謹慎發展，永遠不會耗盡資金。你可以慢慢來，深思熟慮之後再做決定，以你自己的步調走向正確目標，不必受他人左右。正如某些海豹部隊所說：「慢就是順，順就是快。」（Slow is smooth and smooth is fast）

Wistia是一個影音與播客行銷平台，它的創辦人兼執行長克里斯．薩瓦吉（Chris Savage）把由此而生的信念稱為「有盈利的自信」。二〇一七年，薩瓦吉和共同創辦人布蘭登．施瓦茲（Brendan Schwartz）發現，他們為公司規模化和快速成長所投入的心力，不只讓工作在創造性方面變得沒那麼有趣，還讓他們無法獲利。透過放慢腳步，他們重拾信任直覺的重要性，最終也讓公司變得更有利潤。

對Wistia來說，具備有盈利的自信，代表薩瓦吉和施瓦茲知道不管他們怎麼做都能存活下來。這讓他們能以自己的步調去實踐想法，也讓他們不再被迫去做所有不需要立刻完成（或根本不必做）的事情。就算他們想嘗試些新東西，也不再需要押上公司全副身家，而且能等待許多年才獲得回報。

當你有盈利能力，你就可以慢慢來。你可以跟顧客對話，確保你真正瞭解他們的問題之後，再嘗試解決它們。然後你可以一再迭代解決方案直到你滿意為止，就算花上幾年功夫也沒關係。你甚至可以反覆展示給顧客，獲取他們的回饋，我們就常常這樣做。

既然你是靠自己的力量前行，你的資金如今會持續到天長地久。除非你做了某些蠢事，否則不至於讓公司倒閉。這代表你需要慢慢招募，而不是野心勃勃。你也應該避免做出無法撤回的決策，例如簽下辦公室的多年租約。緩步行事代表你更深思熟慮地推出產品，因為你有時間和空間去學習與你自己、你的顧客和你的市場有關的事情。緩步行事也讓你對未來發展有更明確的視野。你將能在你的顧客受到影響之前，便偵測到你的產品和系統中的缺陷。你的軟體可以進行封閉測試（private beta），找顧客或預購名單中的人員試用抓錯。你可以確保產品在廣泛上市之前已達品質要求。這種做法能讓顧客愛上你的產品，欣賞你所做出的每一項增減，不必擔心倉促決策和急遽改變所造成的各種錯誤。

跟你的共同創辦人過度溝通

一旦你的公司營運順暢到不會崩盤，你還有一項關鍵失敗因素需要處理：你自己。你的公司不會耗盡資金，但你仍然可能會耗盡精力。

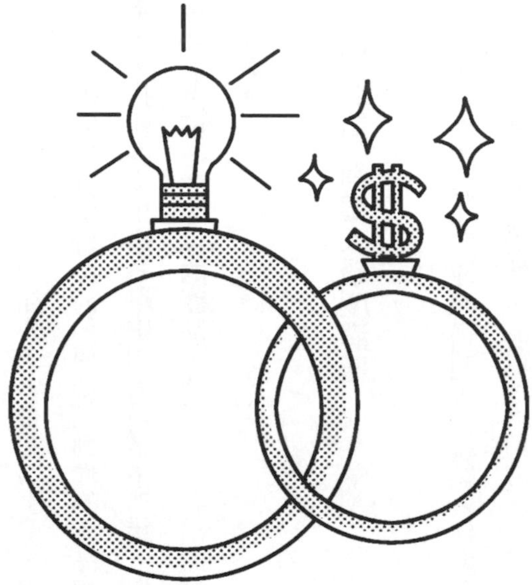

讓你熱情消褪、失去衝勁的最快方式之一，是創辦人之間起爭執。根據保羅．格雷厄姆的說法，創辦人意見不合是很正常的現象，而且其中二十%會越演越烈，最終導致創辦人之一離開公司。

沒有人在婚前就抱著離婚的打算，大多數創辦人也不預期爭執會無法解決。但終極來說，社交關係難免如此，如果運用某些框架把人際關係轉變成專業關係（假使適合的話）會有所幫助。

知名婚姻諮商師約翰．高特曼（John Gottman）和茱莉．高特曼（Julie Gottman）表示，他們可以運用「末日四騎士」來預測關係的終結；這個名字是取自在一段關係之中開始出現的四種溝通方式：（一）批評；（二）鄙視；（三）戒備；（四）妨礙。有些創辦人能成功面對衝突，最終重拾彼此共通的目標與使命，但也有些人始終做不到，於是其中一位創辦人選擇退出。

在新創領域，這不見得是壞事。新創鼓勵「快快失敗」，創業者常在多個團隊之間遊走，同時更替彼此的點子。

不過當人們說「跟共同創辦人分手比離婚更難」時，其實也相當有道理，所以如果你想最大化自己的事業成功機率，就要把經營共同創辦人的關係當成經營婚姻來看待。在你打算跟人合夥長期打拚之前，先思考底下這些事：

- 別跟人開啟一段關係，除非你真的、真的很信任對方。
- 引進認股權利（vesting），確保你們之中每一人都能在幾年之後取得股份。
- 務必確認你們在價值觀、想打造的東西和以什麼方式打造等方面，具有一致的觀點。
- 別忽略你們其中之一可能退出的可能性。預先規劃「成功退出經營」的可能樣貌。
- 盡早跟對方進行艱難的對談。正如交往了五年卻尚未釐清「對方想要的正是你所想要的」很沒道理，在任何一段嚴謹的專業關係之中，早

點探詢並瞭解彼此的價值觀和抱負相當重要，因為艱難的對談越晚執行會變得難上加難。底下是一些值得你詢問潛在夥伴的問題：

- 一段美滿的關係，會是什麼模樣？
- 這項事業如果成功，會是什麼模樣？
- 如果有人要退出，會是什麼模樣？
- 我們希望以多快的速度成長？
- 為什麼我們要一起開創這項事業？

一再進行這些艱難的對談。你可以思考製作明確的檢核清單來重新評估這些目標，好讓意見不合不至於默默惡化，並確保不管你們計劃走上那一條路，大家都能達成共識。

維持你的精力和神智

傳統觀點上，新創公司的創辦人被分為兩類：在光譜一端，是經營著生活方式型事業，整天懶洋洋地躺在海灘上；在光譜另一端，則是全年無休為公司打拚，非不得已才稍做歇息或進食，犧牲掉運動、休息、家庭、戶外活動，以及任何能在生活中帶給你樂趣和寄託的事情。

這兩種極端之間，其實還有許多空間，而且正如你的事業必須追求改變和成長，以免停滯不前，你身為人類個體也有同樣的需求。如果我說當一位極簡創業家不需要下苦工，那就是在騙人了，但這不代表你必須採取全有全無的立場。

我可以分享自己的經驗，因為我對自己想讓Gumroad達成何種目標，就改變了好幾次主意。Gumroad發展的頭幾年，我在追逐獨角獸；後來我調整公司規模到合適大小，使它能獲取盈利能力；目前它則是我進行中的諸多項目（例如寫這本書）之一。大致上，我不讓公司過於左右我的喜悅，所以它也不至於太讓我憂愁。但我花了好幾年才培養出這種心態，而在Gumroad發展的各階段，有意願過來工作的員工類型也大有不同，我基本上都必須從頭建立整支團隊。

當你為了成長不惜一切，你很容易逃避這些對話，也很容易找到藉口：你全心投入於公司成長，而這些對話短期內無法幫助成長。但長期來說，隨著你的公司跟所有公司一樣慢慢轉變，你必須進行這些對話，否則它們終究會在你最沒想到的時候發生，苦澀更是大增。

我要先說清楚，這不是要你縮減抱負好讓公司順暢運轉。重點在於，你對自己和公司所抱持的志向，要與你的顧客對他們自身所抱持的志向達成一致。因為我並非不惜代價試圖打造十億級企業，如今我的注意力在於創造更多創作者和事業主。

而且老實說，就算你有意嘗試，你通常也沒辦法成長得更快。我曾連續幾年一週工作六十小時，也曾一週工作四小時，但無論如何，Gumroad都以它自己的步調成長，我的工作時數似乎與它的成長速度不怎麼相關。我認為你也會發現同樣的道理：是你的顧客決定你的公司可以成長得多快。以Gumroad來說，歷年成長率在二〇一七年是十五%，二〇一八年是二十五%，二〇一九年是四十%，二〇二〇年是八十七%。

這件事讓我得知，不要落入「永遠必須做更多、賺更多或成長更多」的思維，以免你做的比實際所需更多。一旦我接受現實，認清我無法控制一切，我就更容易往前邁進。我不再假裝自己是個產品遠見者，試圖打造十億級企業，彷彿那是我可以控制的事情；於是，我可以專心為我們現有的創作者改善Gumroad。

有些人說你必須瘋狂成長，因為「如果你沒辦法變大，你就會被人吃掉」，彷彿公司適合跟魚類做對比。

那是錯誤觀念，絕大多數的小型公司並沒有被吃掉。大魚是想吃掉其他大魚。事實上，世界上最長青的公司之中，有些也是最小型的公司，例如餐廳、旅館、建築公司等等——其中許多是家庭式公司或是小至中型的企業，隨著它們的利基市場持續進化，並養成一批跨世代的熱情顧客基群。這真是激勵人心！

或許你已經知道這件事了，也或許你正是被那種公司啟發而想要創業。若是如此，我很高興。但在我剛創業時，這件事並沒那麼顯而易見，而且那些錯誤思想不斷散布在社群媒體、新聞頭條或電視上。

我再以一則經濟學教誨做總結：天下沒有白吃的午餐。一旦你能不勞而獲，你會感覺自己可以隨便花錢。當你開始要花你顧客的錢時，請回想本章提到的所有內容，確保你像是在花自己的錢一樣謹慎。與其大肆招募，不如在撐不下去時再聘人；與其買一間奢華的辦公室，不如在高級咖啡館工作。當你真的花錢時，看看它對你的資金消耗速度（burn rate）與公司生存週期（runway）有何影響。

至此，你已經知道怎麼讓公司持續運轉和成長了。如今你準備擴大招募、提昇營運績效（operational excellence），藉此達成規模化——我們會在下一章討論相關內容。

▲重點整理

- 尋找「有盈利的自信」：無止境的公司生存週期，可以讓你的創意、思路和掌控發揮到極致。道理很簡單（花得比你賺得少），但並不容易做到。
- 如何花得少：做得少。不要發展太急躁，不要搬去矽谷，不要買辦公室，不要成長得太大。根據你的顧客希望（並支付金錢）你成長的速度來發展。
- 如果你要募資，考慮從你的社群著手，把你的顧客轉變為股東。
- 終極來說，大多數創業者會在耗盡資金之前先耗盡精力。藉由重新校準彼此對那些真正重要事務的看法，來維持你自己、你的共同創辦人和合作者的精力和神智。早點校準，而且常常校準。

▲延伸學習

- 瞧瞧Gumroad的群眾募資活動網頁：
- 在推特追蹤Wistia的共同創辦人兼執行長克里斯・薩瓦吉（@chrissavage），並且閱讀他討論「有盈利的自信」（〈Profitable Confidence: How to Build a Business for the Long-Term〉）的文章：
- 閱讀高特曼夫婦的「末日四騎士」（〈The Four Horsemen: Criticism, Contempt, Defensiveness, and Stonewalling〉）論述，可從此連結文章讀起：

7

打造你想住進去的房子

你可以作夢、創造、設計並打造出世上最奇妙的地方……但你需要人才來讓夢想實現。

——華特・迪士尼（Walt Disney）

設定公司價值觀

每當我必須決定接下來要做什麼時，我都會問自己蓋瑞・凱勒（Gary Keller）在《成功，從聚焦一件事開始》（*The One Thing*）[1] 書中提出的問題：有哪一件事是你做了之後，可以讓其他所有事情變得更容易甚至不再需要做？

這就是為什麼我們在本書始終強調，社群先於流程，流程先於產品，銷售先於行銷，行銷先於成長。

而當你把凱勒的提問運用到你的公司成員時，答案會是：在招募之前先專注於養成文化。在你準備聘僱任何人之前，首先你需要讓這家公司是人們想要過來工作的處所，而這始於設定你的價值觀，理想中越早越好，因為在你即將與員工共同打造的文化之中，價值觀會是其基石。

老實說，我曾經認為溝通公司價值觀有點蠢。待人和善、努力工作、準時上班，這不是理所當然嗎？在我創立Gumroad之後才瞭解到，如果你沒有一再提醒所有人——包括你自己——你們要做什麼事、怎麼做事、為什麼以這種方式做事，大家難免會偏離正軌。接下來，你就得修正路線，而且常會在最不合適的時刻引爆。

以我為例，事情是在二〇一四年的秋季發生，那時我剛開始跟創投業者討論Gumroad下一輪的募資。當我明白B輪募資恐怕有所困難甚至無法實現，我必須跟幾位團隊成員調整到一種大不相同的文化——不再追尋獨角獸，而是致力於打造一家具盈利能力和永續性的公司。我們並沒有改變優先順序，自始至終依然把創作者視為首要關鍵，但我們的新焦點會導致我必須與部分員工商談他們的生涯方向。我得說，比起修改規定，調整文化更加困難、情緒化和昂貴。

人類不是電腦，我們全是難以預測又情緒化的生物。你所聘僱的每一個人，都會讓組織內部的互動矩陣變得更複雜。你難免犯錯，但你的公司價值觀能提供你一份如何重回正軌的進攻藍圖。

目前Gumroad有四十八名員工，他們居住在世界各地，而且似乎很滿意！但在走到這一步之前，我也經歷過許多起起伏伏。本章我會分享自己受過教訓才學到的所有事情：如何以正確的步調招募合適的人才，而且在眾多同業（尤其是科技領域）不斷提出高吸引力的優渥薪酬挖角時，仍然能保持員工心情愉悅、有生產力。我也會談到遠距工作所帶來的挑戰與機會，以及還有哪些非傳統方式能解決人際相關的問題。這個過程將持續發展，永遠不會停下腳步。

在你邀請任何人來訪之前，你得先打掃家裡。我從來沒看過哪個家庭派對在結束後比舉辦之前更整潔，而公司就有如一場永不止歇的家庭派對。所以讓我們先從搞清楚你自己想住在哪種房子裡，接著再把屋內裝滿會在旅途中與你結伴而行的美妙人士。

1 《*The One Thing*》，Gary Keller，Bard Press，2013。

盡早定義你的價值觀並常常檢視

許多企業常以三言兩語制定某些戒律，用來表述某些理所當然的事情，但這些戒律並不是價值觀，而且正好相反：價值觀是以不顯而易見的方式，表述沒那麼理所當然的事情。價值觀把你所相信的事情化為文字，擺在大家都看得見的地方，而且每一個人都可以提議修正。

價值觀是口述傳統，它對員工傳承的故事，指引他們在日常和極端狀況時該如何行事。價值觀也是比指南書或手冊更有效率的資訊傳遞媒介，因為好的價值觀會留在腦海裡，快又好記。

舉例來說，諾德斯特龍百貨（Nordstrom）以優質顧客服務著稱。其中一則具代表性的軼事是，某位顧客拿了一組輪胎到店面退貨，但諾德斯特龍百貨是賣服飾而不是輪胎；儘管如此，店家還是收下輪胎並全額退款給顧客。另一則軼事是，某位店員因為在附近的諾德斯特龍百貨仍找不到顧客想要的鞋款，於是建議顧客向競爭對手美斯百貨（MACY's）購買，甚至幫忙支付運費。

比起看一本詳述「怎麼當個好店員」、厚達上千頁的手冊，這些故事更能傳達出諾德斯特龍百貨——還有它的顧客——預期怎樣的服務。你明天就可以往這個目標前進，而且對於自己需要堅守何種標準才算合適，你心中也已經有了想法。

這是因為價值觀並非只為了公司內部人員而定，它也對你的顧客與可能為你工作的人士彰顯你的存在，傳達出他們或許跟你的公司是絕佳配對。更重要的是，價值觀同時也告訴其他人，你的公司不符他們的期待，因此節省了你和他們的寶貴時間。

對極簡創業家來說，這種力求清晰的做法格外重要，因為我們常常吸引到剛進入職場的新鮮人。早點定義與溝通你的公司價值觀，可以為組織內部如何執行業務與處理爭議設下期盼。價值觀並非只是讓你施加個人意志於團隊的工具，它能協助團隊維持向心力，還能做為團隊要求你擔起責任的手段之一。

價值觀取代了你，同時也讓你有規模化的能力。畢竟你開創事業的理由之一，就是掌控你的周遭環境：你何時工作、怎麼工作、在哪裡工作、跟誰工作、為誰工作等等。價值觀確保所有人能與它所描述的意象保持一致，這一點在你需要做出艱難決策時格外重要。

Wildbit的創辦人兼執行長娜塔莉．奈格爾（Natalie Nagale）對此有過親身體驗。她與丈夫克里斯．奈格爾（Chris Nagale）在二〇〇〇年創立Wildbit，到了二〇一二年，公司的核心產品之一，工作流程管理軟體Beanstalk的業績成長開始陷入停滯。

娜塔莉表示：「對我們來說，那是一個關鍵時刻，因為我們被迫反問自己為什麼要打造這些產品，以及我們想讓什麼成長。」Wildbit的信念之一是，公司不該受限於某款產品（product agnostic），此信念有助於他們決定停止開發Beanstalk，讓它進入維護與支援階段。當他們不再忙於嘗試「解決Beanstalk造成的緊急問題」，他們終於可以轉移焦點，開始為公司另一款核心產品，郵件寄送服務Postmark策劃成長計畫。

之後幾年，不受限於單一專案或產品的特質，給予Wildbit更寬廣的自由去「慶祝每一個學習的機會」，這是他們的核心價值觀之一。實務上，這代表假使某件事不再有趣或具挑戰性，就算它是長期專案，他們仍然會放下它。五年之後，Wildbit終止營運Conveyor，它原本是做為Beanstalk的後繼產品而推出。對其他公司來說，這可能會造成毀滅性打擊，但對Wildbit來說，這代表他們的團隊有時間開發兩項新專案：就業網站People First Jobs，以及電郵詐騙偵測服務DMARC Digests。

會影響你的團隊和顧客生活的決定，不應草率從事。但如果你已經定義好你的價值觀，並圍繞著它建立起文化，當你需要做出那種決定時便會容易許多。許多創辦人認為自己可以晚點再寫下價值觀，以為時機到來它便會浮現眼前，公司文化也會自然發展。這話說的沒錯，但我得先警告你，到時出現的文化，未必是你想為你自己、你的團隊或你的顧客建立的文化。

你可以從小而大慢慢發展文化，重點在於要開啟這些對話——就算只是你自我對談也好。你可以用錦言妙語來傳達你的價值觀，也可以用長篇故事細細闡述，但你應該盡早開始。

在Gumroad，我們的價值觀載於一份名為〈哪些事情重要〉的公司文化文件。為了幫助你定義你自己的價值觀，我會把本公司的價值觀插入後文做為參考，它們或許未必準確符合你公司的價值觀，但我希望這能做為你反思與行動的契機。

到目前為止，你已經很熟悉Gumroad這款產品了。現在請歡迎……Gumroad公司出場！

- **根據成果來評斷**

這項價值觀在於坦率面對真正重要的事情：創作者和他們的顧客，在使用Gumroad時所感受到的體驗。

我在公司內部是這樣溝通此事：

> 我們的創作者並不關心我們。他們所在意的，是我們恰好能提供的產品、內容和社群。

這代表幾件事：

（一）儘管我們常常是在各自的穀倉（silo）內工作，[2] 我們並不是各自駕船前行。我們呈交給創作者的所有東西，都必須是最高品質，這代表**所有東西**都要經過Gumroad團隊的複數人員、我們的創作者（他們優先！），以及我們更廣泛社群中的人士檢驗。舉例來說，我在處理完來自一百五十人所發表的六百則評論之後，才在網站上發布一篇討論工作的文章（sahillavingia.com/work）。這個例子有點極端，但其中涵義是，幾百萬人會因此讀到更好的文章。

（二）我們可以接受員工離職。（事實上，如果有助於我們推出更好的產品，我會鼓勵這樣做。）

最後，**如果在你推出某項東西之後又收到回饋意見，而且調整後能更加改善創作者的生活，這應該被視為一次失敗。**

2 譯注：穀倉一詞用於商業上，是形容內部封閉、各自獨立、資訊不流通的現象。除散見於各管理類書籍，另有《穀倉效應》（三采出版）一書專門探討。

- **尋找超線性的回報**

這項價值觀是用來定義和鼓勵成長。超線性(superlinearity)是一種數學概念，用來形容最終會比任何線性函數更快速增長的函數，而在Gumroad，我們用它來展現自己有意願以穩定加速的步調學習。

我在公司內部是這樣溝通此事：

> 我們每天固定有二十四個小時，卻有無窮金額的創作者收入等待我們去造就。我們所做的每一件事情，都應該能以可衡量且可規模化的方式，為創作者的盈利做出貢獻。**每天你所投資的每分每秒，都要獲得超線性的回報。**

實務上，這代表員工在Gumroad的職責會快速變化。他們可能會成長到超越自身職務所需，於是決定離開Gumroad並自行創業。好極了！

- **人人都是執行長**

這項價值觀在於打造一家聚集志同道合人士的公司。我是一名執行長，我認為這是一個挺棒的職務，所以我希望創造一家人人都是執行長的公司。

我在公司內部是這樣溝通此事：

終極來說，你負責花費我們的創作者的金錢，你有責任告知公司，你是怎麼花那些錢。你是你所負責項目的執行長，你的責任是確保它以高水準運作，並與公司其他人員以及我們的創作者，保持溝通順暢。你必須有戰略性思考（在商業與產品方面），主動完成業務，若有需要則尋求支援，並且在我不得不介入之前自主當責。同理類推，不要浪費資源：

一、大家其實都在執行某些重要的事，所以當你找人幫忙之前，先做好你能做的部分，以**節省他們的時間並避免高昂的往返溝通成本**。這代表你要提供事件的來龍去脈給所需人士，包括你對它的客觀衡量。

二、別讓自己像個請求主管指示的員工，而要像個主動徵求董事會許可的執行長。**如果有人需要問你「事情進展如何」，代表那些事狀況不佳**。

大多數人不希望當個執行長，大多數人不想在對員工有這些期待的公司工作。但這也沒關係，那些想當執行長的人，會覺得我們的工作環境有吸引力，而我相信他們恰是能為創作者創造最多價值的人才。

• 敢於公開透明

既然你正在閱讀我們內部的價值觀，我想這項價值觀是其中最清楚明白的了。

我在公司內部是這樣溝通此事：

> 如果Gumroad有祕密，那就是這一項了：我們徹底追求資訊對等。沒有哪件事是我知道但你不知道的，而到了最終，沒有哪件事是你我知道但我們的創作者不知道的。我們組織了最棒的團隊，為最棒的社群打造最棒的產品。讓所有事情公開透明，正是能為我們的生態系統帶進更多優質人才的飛輪。

這項價值觀以各種方式實踐，例如公開我們的入職培訓文件（onboarding document），以及每個月在推特分享我們的財務報表。這樣不只讓在Gumroad工作的所有人知道我們本質為何，同時也讓我們的顧客和有意前來謀職的人們認清此事。

我建議所有人都做到這種程度的透明化。好處是，有些人會因為更認識你的公司而愛上你；壞處是，有些人不會，他們不贊同你作生意的方式，反對你在產品品質和遠距工作方面的政策，或是對你提出的數據吹毛求疵。抱持某種觀點並將它實踐，可能會導致意見兩極分化，但如果你的作為對你自己、你的顧客和員工行得通，而且你的公司有利潤，那麼你可以心安理得地知道自己做了正確的事。沒人能奪走這種感受。

透明化的另一個好處是，當事情不順利時，它能引領我們做出改善情勢的反省。在我營運公司時所學到的最深刻體驗，是意圖與行為之間的差異。行為是某人做出的事情，意圖則是某人為什麼做那件事情。大多數人會根據自己的意圖來自我評斷，卻以別人的行為來評斷對方。透明化讓這種雙重標準變得更為困難，甚至是不可能。

身為一家有影響力公司的執行長，我對我的意圖開誠布公相當重要。接下來，其他人便可以觀察我的行為並提出改善建議，讓我的行為能夠更匹配我的意圖。陽光或許不見得永遠是最棒的消毒劑，但它常常會有幫助。

透明化不只攸關我們表現給全世界的外在模樣，它也與我們如何在內部運作有關。在第三章，我談到我們用於營運的所有流程都被記錄成文件，而且每一位員工皆可查閱。每一天，我們使用諸如Slack和Notion之類的工具，來讓公司內的所有人知道目前事態為何，並使員工清楚明白自己工作的重要性。這樣做也便於有興趣的人去瞧瞧任何事情，有需要的話甚至接手處理。我們利用公開數據、不開會議與公開溝通的方式，創造出開放的環境，而累積而成的效果是，我們之間沒有祕密、不存在「錯失恐懼症」(FOMO)。[3]

舉例來說，Gumroad的所有人都可以透過一個線上的儀表板，看出我們的創作者賺了多少錢。

3 譯注：錯失恐懼症(fear of missing out)是指由患得患失所產生持續性的焦慮，擔心別人在自己不在之時，經歷了某種非常有意義的事情。

這確實有令人執著於數據的反效果風險（有時候，擔心盈虧是創辦人的工作，而不是員工的），但大致上來說，我發現賦權你的團隊，給予他們自行做決定所需的資料，能創造出更好、更自立自強的組織。此外，這代表你需要再少做一點，而這正是你當初選擇成為極簡創業家的重要理由。

我們也開放所有員工閱覽流量儀表板，有幾位工程師在處理他們正常業務之餘，會自行研究那些數據，看看他們是否能讓某些網頁加速讀取。我或許永遠不會把這種事情列為優先項目，但它們節省了我們顧客的時間，並提昇了我們產品的表現。

終極來說，如果你聘僱得當，你的員工自我管理的能力，永遠會比你管理他們的能力來得更好。而且長期來看，給予所有人自主權，使你可以跟他們稱兄道弟，於是你可以跟工程師一起寫程式碼、跟設計師一起設計，而且你能把時間花在創造與打造某種有影響力的事物上，不必一直管理其他人。只要你持續以清楚明確的價值觀，擘畫你對公司的長期願景，你的員工將會樂於支持你。

透明化也對那些較不容易啟齒的事情（例如錢）很重要。在Gumroad，我用一份由我持續更新的簡單試算表，向大家揭露公司內所有人的薪水，這樣做讓大家對自己賺到的薪資金額感覺良好，並且把我與團隊其他人之間的資訊不對稱，降低到最小程度。透露這類資訊，一開始或許會感覺很嚇人，但這只不過是因為它並非業界常態。實務上，這不只能大幅減少人們對福利多寡的疑問，還有助於消弭因為歧視而造成的薪酬不平等。

把公司營運背後的數據以及你付給大家的薪資金額，統統攤在陽光下，可以讓你的員工知道，他們的工作會對公司整體盈利能力造成多少貢獻，而這則資訊也有助於大家在討論自己應該獲得多少薪資時，能夠更容易坦誠交流。全球研究顯示，人們在說明離職理由時，七十九％表示是「不受賞識」，儘管那種狀況相當正常，甚至是可以預期（因為員工成長到超越你的公司所需，於是決定踏上生涯的下一步），但你不會希望非必要的離職，成為你的公司文化的一部分。

小心彼得原理

我不喜歡管理，我寧願我的團隊是由十位超棒人才所組成，而不是一百位好手。這或許代表我們的程式碼產出數量，在總量方面比不上別家新創公司，但在個人方面，我們會因此明顯更有生產力和成就感。

終極來說，一家公司能成功規模化的原因在於員工獲得賦權，無須你介入便會協助顧客。你和你所建立的任何管理團隊的工作，是給予員工邁向成功所需的資源，以及在必要時提供全局觀，藉此讓他們能夠清楚知道自己的工作是落在大局中的哪一處，省得他們憂心忡忡地自力調查。

別當個產品遠見者，或是更糟糕的產品獨裁者。你的公司不該淪為個人崇拜，完全只根據你定下的時間表，打造你想要的東西。WeWork的案例彰顯出這種做法終將引發惡果。該公司在眾多越軌行為、可疑決策，以及幾無證據能獲利的狀況下仍有大量資本注入，種種怪誕情事之中，有一項格外有趣：儘管WeWork的業務與衝浪毫無關係，董事會仍同意投資一千三百萬美元至一家人工造浪泳池公司，只因為前執行長亞當・諾伊曼（Adam Neumann）是一位衝浪迷。

這當然是一個極端案例，用來展現當執行長的觀點與偏愛，淪為不理性和違反公司利益時，可能會毀掉公司自身，不過這個論點依然成立。不管你有三名或是三百名員工，具備清楚的關鍵績效指標(key performance Indicators, KPI)，讓所有人知道且能用來衡量他們的工作表現，將促使所有人與顧客對話、為顧客打造產品。

「彼得原理」(the Peter Principle)是教育家勞倫斯．彼得(Laurence J. Peter)所提出，用來表述：大多數組織(例如企業)的階級制度，傾向於令每名員工被擢升到他無法勝任的職位。

儘管這個原理一開始是做為笑談，但你或許會感同身受，認為在嚴格的階級制度之中，大家都被困在自己不擅長的職務裡。不過在Gumroad，我已經試圖翻轉彼得原理。員工為顧客工作，我為我的員工工作。最棒的人才在晉升之後，繼續做他們最擅長的事情，只是他們現在領到更多錢。

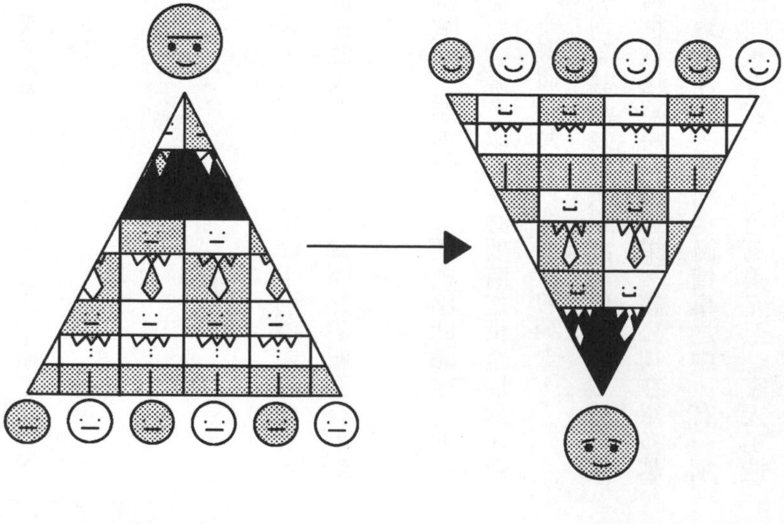

主管的問題在於，他們沒有真正為所管理的人們謀取成功。不過有時候，這件事要比「為員工謀取職場成功」更進一步，需要關心並促成他們的職業志向（career aspiration）和自我成長，與所有相關者的長程規劃有關。

這或許甚至代表鼓勵你的員工離職，去其他地方尋求更多成長，我們會在本章稍後加以探討。

創造當責

Gumroad自二〇一五年便開始遠距工作。

對於幾乎每一項不需要辦公室的事業，我認為遠距工作將成為常態。而幾乎每一家公司於新冠疫情期間都不進辦公室，摸索著如何改以分散型團隊的方式繼續運作。

當你沒有辦公室，你就不需要把自己限制在當地找人。你可以向全世界發出招募，尋找最棒人才加入你的公司，而且彼此都不必離開家裡，也不用飛越半個世界來相遇。

一旦你踏出那一步，你可能會發現，其他與經營公司相關的傳統觀點也不再適用。就以開會來說，大多數公司把開會當成完成工作的必備工具，但我們在Gumroad不開會，而是更進一步：我們完全非同步化（asynchronous），代表我們所有的溝通都經過深思。因為沒有哪件事真正緊迫（除了網站當機以外），所以我們唯有在謹慎思考之後才討論。

但如果真的有緊急事件發生會怎樣？實情是，我們的商業模式不會製造出「得放下手邊一切立刻解決」這樣的狀況，不過假使你的公司是仰賴商務開發生存，確實可能發生關鍵客戶會因某項功能失靈或未能如期推出而解約的緊急狀況。

如果有某件事需要近乎即時處理，我們使用Slack做為最接近即時溝通的管道。GitHub是我們存放基準代碼（codebase）的地點，工程師也在那裡提交程式碼給同事審核，之後再融入現行版本做更新。其他事情則都用Notion處理，我們用它來存放公司發展藍圖（並公開給大眾閱覽）和產品開發流程，以及分享每個人是怎麼執行業務的知識。

這個三管齊下的系統有助於啟發員工，讓他們知道當自己需要支援時該去哪裡——事情如果得在幾個小時內解決，用Slack；一、兩天內，用GitHub；比那更久，則用Notion。對數據和團隊薪酬保持公開透明有其重要性，但同樣重要的是，讓對的人在對的時間容易找到對的資訊。

如果真的需要即時討論，目前我們使用Clubhouse進行語音交談，而且這樣做有個額外好處：如果需要邀請顧客進入會議討論，這會比使用Zoom容易得多。

這個文化需要所有人告知彼此自己打算何時進行「深度工作」（deep work）——這是作家卡爾·紐波特（Cal Newport）創造的詞彙，意思是專注於需要認知能力的工作。我們所執行的眾多事務，例如寫作、寫程式碼和設計，一旦面臨干擾都容易影響成效。人們不只可以設定期望，還可以決定自己希望以什麼方式達成期望。他們可以讓其他人預先知道自己何時會出現並回覆問題，或者接下來幾週會關閉來訊通知。對我來說，這就跟在行事曆裡切出時間塊（time blocking）一樣單純。[4]

對「何時能聯絡得上」給出明確期望，讓人可以圍繞著生活打造工作，不至於圍繞著工作打造生活。這一點對新手父母格外理想，但每個人都能借助於構築自己的每日規劃，來最大化幸福感和生產力，而且大多數人都學得會如何管理自己，創造更高成效且更有影響力。

我承認，我和我們在Gumroad的做法，未必適合所有創辦人或公司，主要得看行業的本質。儘管彈性工時日益普遍，有些公司跟我們一樣，在完全非同步化和遠距工作時運作得最順利，但也有公司在遠距工作以外，還搭配使用共同工作空間見面分享。只要你能保持專注，致力於呈獻最好的產品給你的顧客，那麼有效的工作系統將由下而上地有機發展與構成，不會讓人感覺是高層獨斷地設立規章。

終極來說，是你要決定你想住進哪種房子，接著再尋找同意你觀點的人。Gumroad的價值觀有點不尋常，你甚至可能會說有點嚇人。但那些價值觀指引我們的所有作為，並把世人看到我們公司時所需要知道的事情傳達出去。我們的價值觀或許不適合大多數人，對他們來說，Gumroad並不合適；幸好，還有無數公司可能適合他們。

4 譯注：時間塊是一種用於個人時間管理、提高生產力的技術，做法為將一段時間分成較小的區塊，用來執行特定任務，藉此消除分心，並阻止低效率的多重任務處理。

Simply Eloped如何定義價值觀並重回正軌

在定義好價值觀和文化之前就得聘僱人手，是許多創業者面臨的挑戰。儘管這或許是常態，幸好它是一項你可以之後再回來解決的問題。

簡妮莎・懷特（Janessa White）和麥特・達利（Matt Dalley）所創立的Simply Eloped，是一家協助伴侶規劃小型婚禮或渡假婚禮的公司，他們正是在開始招募時碰上麻煩。在那之前，懷特和達利做對了每一件事情：他們緩步成長，有計畫地花費每一分錢，而且兩人一手包辦所有業務，包括客戶服務、行銷和銷售。這樣做讓他們能發展出自己的系統，兼顧彈性與創意，在金錢方面更是如此。

他們也必須審慎選擇聘僱哪家供應商來代表Simply Eloped。懷特表示：「婚禮產業之中有可能存在各種歧視，所以我們打從一開始，就跟抱持相同價值觀且不介意為各種伴侶服務的合作業者建立關係，包括證婚人、花藝師、烘焙師等等。我有與顧客交談的多年經驗，我知道這些由我們所提供、既廣泛又價格合理的服務，是人們在其他地方找不到的。」

儘管懷特和達利仔細想過要培養怎樣的外部關係，但關於公司內部要打造怎樣的文化，他們卻沒有同樣刻意去規劃。二〇一九年，他們募得資金並開始徵才。他們說：「能犯的錯誤我們都犯了。我們為了滿足願望清單而招募，我們聘用親朋好友，也聘用了那些看似和善而且想找工作的人。」懷特把後果稱作「文化危機」，那段期間霸凌、八卦和衝突屢見不鮮。

他們改正方向的第一步，是聘請一位領導教練，藉此開啟「辨識發生了什麼事以及如何修正」

的流程。懷特和達利被迫捫心自問，他們必須成為哪種領導者才能管理成長中的團隊。他們發現自己太專注於讓員工「快樂」，卻沒花費足夠時間去定義哪些事情最符合我們顧客的利益，以及能提供最佳的工作氣氛。

他們也瞭解到，即使他們和許多顧客都愛這家公司，它不見得適合所有人。這項認知讓他們重新思考價值觀，並總結為CACAO這個頭字語，代表：顧客導向（customer-centric）、有企圖心（ambitious）、有同情心（compassionate）、有彈性（adaptable）和有擔當（ownership）。他們更把這些價值觀轉譯成一份人格特質列表，描繪出哪種人在Simply Eloped會如魚得水，如今他們以那張列表為準撰寫徵才需求。

此外，懷特和達利及其團隊在彰顯成功和給予回饋時，會明確地運用公司價值觀。懷特在每週公告裡談到員工的小進展時，會將價值觀融入其中；反之，如果有人表現不佳，她則會以價值觀做為楔子，點明該如何改善和為什麼要改善。價值觀最終成為Simply Eloped無比重要的特質，懷特和達利甚至寫了一首歌讓所有員工學唱。

雖然你可能不想或不需要為你公司的價值觀寫一首歌（我們絕對永遠不會在Gumroad寫歌），不過懷特和達利以如此清晰的方式，為他們自身及所有在那裡工作的人士，闡明並定義公司價值觀，這一點還是值得你放在心上。他們發現了某項對他們來說行得通的做法，而他們的價值觀，確保他們在成長時知道自己正走向何方，以及他們想與哪些人結伴同行。

告訴世界你是誰

終極來說，打造公司文化會比打造產品更費功夫，但也更有價值。最終，你會擁有一家能滿足你自己和許多其他人目標的公司。

人們不常換工作，也不常在想換工作時昭告全天下。在第五章，我們談到行銷的關鍵在於不斷提醒潛在客戶你的存在。同理類推，招募的關鍵在於不斷提醒潛在應徵者你的存在，以及你為何存在。

也正如我們在第四章所學到的，好的銷售並非只與銷售有關，關鍵在於教育。聘僱是新創公司最難做好的一件事，因為它涉及產品開發、銷售和行銷——一次全都包了！

一旦你有了適合你的公司文化價值觀，請開始公開表達它。許多人擔心，講述這些價值觀會疏遠人群，導致對方不去深入理解他們的公司——完全正確，清楚定義你的文化價值觀，會讓大多數人說「這不適合我」，但也會有少數特定人士說「這正是適合我的工作！」。

出色人才唯有在看到某項工作符合（或超越）理想中的工作生活樣貌時，他們才會去應徵。你不妨回憶自己痛苦或充滿壓力的求職經驗，以及你多常在走完某家公司一長段面試程序之後，最後才發現它完全不適合你。

溝通你的價值觀，可以節省所有人的時間和精力。你會希望只面試自認與你速配的人選，而不是與那些只想找新工作或提高薪水的人們打交道。終極來說，最棒的人選是打算取代你的人。

招募乍看之下很像是開除你自己

打從一開始，你就應該試著聘僱比你更厲害的人。他們並不是過來實現你的願景，而是要根據他們自己與顧客的互動經驗，來改善那份願景。

其中某些人甚至可能之前是你的顧客。在Gumroad，我們堅持要先從我們的社群之中招募。

許多創業者不擅長分派工作，但這得從有所自覺開始。問問你自己：

一、我最享受做什麼事？
二、我擅長哪些事，以及不擅長哪些事？
三、哪些業務如果分派給其他人，會讓我覺得鬆了一口氣？
四、我在哪項事情花費最多時間？那是正確的選擇嗎？

一旦你釐清自己究竟要招募哪種職務，你就能分辨出誰可能是合適人選，但通常你沒辦法搞清楚。我重申，這正是為何你務必要磨練自己向網路喊話的能力，好讓人才主動找上門。

你的徵才需求應該要成為一張過濾網，而不是一個磁鐵。大多數人在你的公司工作不會感覺享受，徵才需求要寫明此點，建議他們應去別處謀職。而能夠走完整道流程的人士，則是你應該深入細談的人選。

如果你做好這件事，招募會變得更輕鬆也更快速。此外，因為你以極簡思維打造你的事業，你已經具備了社群、顧客和行銷實力，得以妥善與他們互動。

舉例來說，我的推特個人帳號只用了一則推文，就吸引到上百位應徵者：

Sahil @shl · Aug 6, 2020

我們正在徵求想來@gumroad工作的工程師！

——網站平台（Ruby＋JS程式語言）或iOS平台（Swift程式語言）。
——每週工作二十小時以上。
——時薪一百二十五到兩百美元。
——在任何地方工作，沒有定期會議，沒有截止期限。
——你所負責的任何事情，最後都會成為開放原始碼軟體！

75 361 1.2K

這種做法不只對我有效，亞當．華森在推特為Tailwind UI發出的一則招募需求，吸引到八百七十五位應徵者。他的推文與我相似，用詞明確且立場堅定：

Adam Wathan
@adamwathan

如果你對跟我一起全職打造使用者介面設計工具感興趣，我們正在徵求想加入Tailwind CSS團隊的開發人員。

年薪十一萬五千至十三萬五千美元，含四週休假，以及每週四十小時用於處理有趣且新奇的問題。

1:32 PM · May 24, 2020 · Twitter for iPhone

598 Retweets **56** Quote Tweets **1,833** Likes

回顧你的價值觀，並確保你把它融入招募需求，正如你撰寫其他項目時那樣。以Gumroad為例，這代表寫清楚我們提供的薪資、我們對員工的期待，以及我們不提供哪些東西。但你的價值觀跟我們不一樣，所以你的招募需求也會長得不一樣。

合適是一種雙向關係

遺憾的是，加入你公司的人不見得都會待很久，有些人甚至短時間就離開。合適是一種雙向關係，當某人不適合你時，同時代表你不適合對方。而某人跟你的公司不速配時，他們不只損害了自己的長期展望，同時也損害了你的。

當你心存疑慮，請回想價值觀。他們有符合價值觀嗎？他們如果在你的公司之外工作，是否會比在公司之內創造更多價值？如果你當初就知道如今得知的事情，你還會聘僱他們嗎？

事實上，當你心存疑慮時，你或許已經知道答案了，只是要做出讓他們離開的困難決定，使你感覺不舒服。

相信我，我知道開除人有多困難，但要打造你想住進去的房子，這是你必須擁有的技能。我對員工承諾我不會搞突襲，就算雙方不速配，我會坦率表明——基於我們的非同步文化，所以是以文字形式——我為什麼擔心彼此不合適，並將各問題點對應到我們的價值觀。我每隔幾週會這樣做至少兩次，確保對方清楚知道我需要他們做出的調整，而且有時間改善。

但終極來說，選擇權在他們手上，你所能做的最佳舉動，常常是開誠布公地懇談，告訴對方這樣下去不會有結果，為這件事做了斷。幾乎每一次，他們會慶幸是你提起此事，不必他們自己提，而如果你一向徵才得當，那麼他們很快就能找到新工作——你也應該對此幫點忙，協助轉介並給予推薦，畢竟你聘僱了他們。他們並非不良員工，只是不適合你。

你的公司是一項事業，不是宗派組織。擁抱改變，不要憎惡改變。

說到改變……到這裡為止，你會有一項顧客樂於購買的產品，以及一家人們樂於任職的公司。接下來呢？

如果你做得開心，你可以繼續做你正在做的事情。或者，你可以做些截然不同的新事情。下一章我們會探討如何拓展與深化你的影響力，以及如何改善你自己的生活品質；某種程度上，這整本書都是為此而寫：以一種拉近你的生活與其他人生活的方式，來辨識與幫助你所愛的人們（包括你自己）。那麼，走吧！

▲重點整理

- 你已經為顧客打造了一項產品，現在要打造另一項：這個產品是你的公司，而顧客是你的員工。
- 打造一家充滿人的公司，比打造軟體更有意義，但也困難得多。
- 盡早表明你的價值觀並且常常檢視，因為當你開始成長時，你需要這些價值觀來避免你偏離正軌。（不過這種事終究會發生。）

- 合適是一種雙向關係：當某人不適合你時，可能也代表你不適合對方。盡早開啟困難的對話，因為你拖越久就會越難處理。

▲延伸學習

- 閱讀弗雷德里克・萊盧（Frédéric Laloux）的著作《重塑組織》（*Reinventing Organizations*）[5]，藉此深入探討「公司和其他組織的架構是如何沿革變化」這項難以理解的主題。
- 在推特追蹤Simply Eloped的共同創辦人兼執行長簡妮莎・懷特（@janessanwhite），閱讀她在打造事業時獲得的洞見。
- 閱讀勞倫斯・彼得和雷蒙德・霍爾（Raymond Hull）的著作《彼得原理》（*The Peter Principle*）[6]。

5 編注：*Reinventing Organizations*，Frédéric Laloux，Nelson Parker，2014。
6 編注：《彼得原理》，勞倫斯・彼得，雷蒙德・霍爾，樂金文化，2020。

8

接著我們要從這裡往哪走？

我們天生註定要在混亂的荒野漂泊。儘管如此，我們並未絕望地走入迷途，因為每一位先行者，都為我們留下一道足以跟隨的蹤跡。

——羅伯特．摩爾（Robert Moor）

接著你要往哪走？

這一章雖然是最後一章，但我把它列為最重要的一章。

即使讀完本書，你或許仍會自問目前是不是創業的最佳時機。全世界許多公司破產倒閉，未來充滿不確定性。如果你認為創業似乎有風險，你想得沒錯，創業現在是且永遠都是冒著風險。但我相信，創業是創造改變的最佳方法之一。

別擔心你的公司沒辦法在開張第一天就「改變世界」，或是沒有聘僱上百名員工。只要你是以誠實、可規模化的方式，販售物有所值的商品給想要它的社群，那麼就值得你創業了。

套用史蒂夫．賈伯斯（Steve Jobs）常被錯誤引用的金句，我並不認為我們只在能夠「在宇宙留下一道痕跡」的時候才能治癒世界，[1] 它也關乎不斷做出能累積並改善我們社群的微小抉擇。你沒辦法改變所有事情，但做為開端，你可以也應該改變一些事情。

你能獲得的回報是，一旦你因為顧客傳播口碑而達到盈利狀態且永續成長，你就可以決定你的公司接下來要在何處發揮正面影響力。如今的我知道，一旦Gumroad達到那個境界，就有助於我專注在更有意義的生活。但要調整到這種心態仍然不容易，我得扭轉我對成功的舊定義，將之轉變為更加追尋人生意義與使命。

相傳孔子曾說：「健康的人想著一千件事，患病的人只想著一件事。」而把這句話改寫成本書情境，公司尚未達到成功且具永續性的極簡創業家，只想著一件事（就是那件事！），而已經達到的那些人，則可以隨心所欲地做想做的事。神學家索倫‧齊克果(Søren Kierkegaard)也在一八四四年寫道，焦慮是「對自由的暈眩」。當你瞪著眼前數之不盡自己的選擇時，就會發生這種事。

不管你喜不喜歡，在你冒風險、下苦工，並且投入時間創業並將之規模化之後，這些選擇就是你得到的一切。如今，你又回到了起點了，接著你要往哪走？這個問題我們會在這最後一章試著回答。

你已經賺到錢，現在來賺時間

當Gumroad開始變得能盈利時，我所

1 譯注：原句(make a dent in the universe)國內常被意譯為「改變世界」，但根據其遺孀羅琳‧賈伯斯(Laurene Powell Jobs)在接受《紐約時報》專訪時表示，該句涵義應更接近「相信自己有能力改變現況」。

做的第一件事情是：重新取回我一大部分的時間。

我曾經度過四年「創業家生活」，清醒的時刻全在工作，荒廢與親朋好友的關係，大致上是把工作擺在所有事情之前。如今那已是過往雲煙，我可以自由選擇不同方向。我發現，當我不再試著安撫投資者，或是強求公司比它所應成長的速度更快時，我終於有時間了。當我不再忙著當上億萬富翁，我發現自己變成「時間億萬富翁」(time billionaire)——這是創投業者格雷厄姆·鄧肯(Graham Duncan)為人生中至少還有十億秒(相當於三十一年)可活的人所下的定義。

我沒有十億美元，但在好長一段時間之後，我終於又能享受(或是煩惱，端

看你的觀點為何）不必承擔義務的日子。我在普若佛租了一間簡樸的公寓，戒掉咖啡和啤酒，並開始跟在創意方面與我志同道合的人們聚會。多年以來，我把工作當成自我認同的關鍵，如今我希望剩餘人生是跟工作徹底無關。

首先，我把時間用來創造更多時間。我進一步自動化與外包業務，或是乾脆忽略所有我不喜歡做的事情（詳見第三章與第六章），於是我能在我想要的時間，做我想做的事情。所有人與所有公司都能做到同樣的事情嗎？我不確定。但我確實認為，如果你擺脫原本的心態，不再認定各種情勢和責任皆無法放手，你會很驚訝你有那麼多不需要做的事情。

接下來，我回到我的旅程的起點：我再度開始創造。起初，我在普若佛參加我最喜歡的作家之一，布蘭登．山德森開設的創意寫作工作坊，並撰寫奇幻故事。後來，我留在猶他州並學習繪畫。這或許不會太讓人意外，畢竟我營運一家聘僱創作者並且為他們提供服務的公司，但我確實喜歡創造東西。

無中生有能帶來滿足感又有趣，尤其是當你並非因為缺錢而創作的時候，而營運一項極簡事業讓我有餘裕以快步調進步。有些時候，我每週花上二十小時寫作和繪畫。（我現在還是這樣！）

但對我來說，創造東西無法讓我感覺完滿，正如追逐獨角獸也做不到。我仍然想在世界上具有高度影響力，也擁有一家公司能協助我做到。Gumroad並不需要是一家十億級企業，就能讓我在自由追尋我的目標時，給予我最大的選擇性與最小的包袱。我也可以向你保證，你的公司同樣不需要那麼大的規模，就能實現你所希冀的一切。

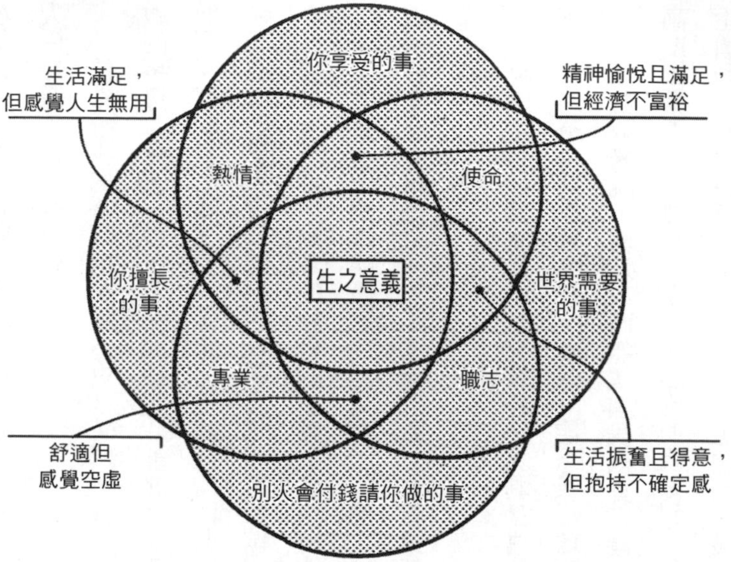

我相信我們的目標應該是，把我們的熱情、使命、專業和職志結合在一起。這個概念在日本稱為「生之意義」(ikigai，生き甲斐)，它匯集了：你享受的事、世界需要的事、別人會付錢請你做的事、你擅長的事。

當你達到「生之意義」時，你會感覺安定平靜，還能一邊工作又同時改善這個世界。你可以活在當下，為更美好的未來而努力。

我強烈相信，人類的發展全貌仍處於萌芽期，而我們能持續促成進展的主要方法之一，便是透過審慎的商業創造。我之所以使用「極簡」這個詞來描述本書所提到的事業，關鍵因素之一在於，我相信你的公司並不需要成為所有問題的答案。當一位極簡創業家，或許能帶給你豐沛的收入，並為你的團隊和社群創造各種機會，但你不太可能因此解決你所面臨的一切問題，不管是為了你自己或是全世界。

此處的目標是解放你自己，讓你的公司能夠以你所期望的方式，盡可能不再綁住你，於是你可以用你認為最妥當的方式（不管是什麼方式）與這個世界互動。對大多數人來說，這同時也代表解放其他人。你沒辦法解放所有人或打造所有事業，但你至少能教導一些人怎麼做到。

創造更多創作者、執行長和極簡創業家

在普若佛待了兩年之後，我開始對Gumroad和我的使命有了新觀點。當我重新想像未來時，我發現我不只有機會創造我自己的人生，還能為其他人拓展機會，讓他們也能創造他們自己的人生。

打造Gumroad使我接觸到一批全新類別的創作者：事業主。儘管並非所有創作活動都會需要一家公司，但許多達成規模化的創作者都開始創業，藉此管理他們的創作。我最自豪的事情之一是，我讓上千人在創作方面的商業端事宜變得更容易，而且在全世界造就了許多位事業主。

Sahil
@shl
有時我為科技新創公司提供天使資金，包括@LambdaSchool、@figmadesign、@HelloSign。我同時是@Backstage_Cap的有限合夥人之一。
我下一個投資對象將是黑人創業者，如果你符合條件，請在本週發電郵給我，說明你正在忙什麼：sahil@hey.com。
9:00 AM · Jun 1, 2020 · Twitter Web App
237 Retweets 30 Quote Tweets 1,306 Likes

二〇二〇年，我偶然邂逅了我的旅程下一步：讓每個人都有機會創業。到目前為止，藉由成為艾蘭·漢密爾頓（Arlan Hamilton）所創設之Backstage Capital的有限合夥人，我已經實驗過投資於草創階段的科技新創公司，對諸如Lambda School、Figma和Notion提供小額天使資金。但在二〇二〇年因喬治·佛洛伊德事件引發抗議活動之際，我知道自己可以做得更多，於是我發出推文，表示自己想要投資給黑人創業者：

這則推文吸引到兩百封來自黑人創業家的電郵，而且最重要的是，它還帶來四筆專為黑人創業家提供的投資。自那之後，這種投資又透過圈內轉介發生好幾次。

不過這類新創公司許多是在尋求募集更多的資本，而我能給的金額不多，所以我寫了一份「備忘錄」，並寄給我人際網路中的其他投資者。其中一人回覆，「你應該創立一個基金」，並提議由他負責主持，以利該基金能順利啟動。於是在去年，我進一步加強我追求「創造更多執行長和極簡創業家」目標的決心，創立了我自己的基金。

儘管我從來沒想過自己會變成創投業者，如今我有能力以公開透明的方式，支援我主要透過接觸受眾和打造Gumroad時所相遇的創業家。目前我一年大約為五十家公司合計提供一千萬美元資金。

我仍然拒絕了許多位創業者，但這未必代表我不相信他們能夠成功，而是因為大多數事業如果沒有接受創投資金會更好。自從我在二〇一九年二月發表〈反思我在打造十億級企業時的失敗經歷〉之後，我已經遇見了上百位極簡創業家，他們幫助我拓寬心智模型，更加理解事業的本質為何。

如果你認為對你來說，當上極簡創業家是一件好事，你可以幫助其他人也擁有這樣的觀點。彼得．亞斯楚（Peter Askew）固定發出推文，分享他認為有潛力成為優良事業的網域名稱，讓其他人能夠跟隨他的腳步。Schmidt's Naturals的海梅．施密特（Jaime Schmidt）和克里斯．坎提諾（Chris Cantino），如今自行創立投資基金Color，為那些未被充分代表的創業者提供支援和資金。

成為創作者和極簡創業家，應當是廣大不同群眾能夠選擇走上的道路，而各種不同類型的員工和顧客也應當能夠找到最適合他們自身的選擇。我主張全世界八十億人都應當獲得這些選擇，遺憾的是，我們還沒發展到那一步。

雖然極簡事業無法徹底根除歧視，也無法弭平在教育、科技和投資方面可得性的不平等，但它確實能為種種行業的創業家，提供一條掌握自身命運的道路。此外，我認為更公平的未來，仰賴於更多人創造產品或服務並加以銷售——這不只是因為事業主能藉此維生，也在於當我們拓展創業的觸角，就能為那些存在自由市場機制未能解決之問題的人士服務。

集體擁抱

普若佛

終極來說，每個人得自行決定怎麼過生活和經營公司。從舊金山搬到普若佛，使我重新記起人們對於自己想要怎麼服務他人，各自抱持著不同的看法。這不只不存在一體適用的模式，連接近共識的也沒有，而且也不應該有。不同人士面臨不同的問題，也需要不同的解方。

拯救地球

我們討論過「改變世界」這項使人分心的迷思，它會害你忽略具有廣大商機以及為社群服務的機會，且你已經身處其中的整座森林。

但你仍然可以選擇你的戰役，尤其是那些在你掌握之中的事情，例如抵銷你的碳足跡，並且承諾未來以碳中和為目標。那些布建各種系統與伺服器，被許多極簡創業家用來驅動自家事業的大企業，正在加速這個過程，而且它們日益明確支持碳中和。二〇一九年，Shopify承諾每年最少撥出五百萬美元至其永續基金（Shopify Sustainability Fund），該基金不只會投資碳封存（carbon sequestration）技術和再生能源，也會投資於讓商家與買家都能更具永續性的各種運作。谷歌則承諾於二〇三〇年之前，將在全球全天候以無碳能源進行營運。

但事情並非只仰賴大企業及其基礎建設。無論我們的公司規模大小，我們都可以利用它為拯救地球做出我們自己的貢獻。Rainbow Road是一家植物性冰淇淋公司，其創辦人艾蜜莉．歐森（Emily LaFave Olson）便承諾以食物做為工具來治癒地球。在她賣掉第一家公司線上美食商城Foodzie，並關閉第二家公司快煮餐配送服務Din之後，她同樣發現自己在問：「接下來呢？」

於是，她著手把Rainbow Road這家公司打造成不只是製作美味冰淇淋，而且是以一種完整循環系統、對地球有益的方式製作。歐森表示：「Pono在夏威夷語裡的意思是和諧，而我在做決策和講述我們的故事時，始終謹記我們的使命，藉此保持我自己和公司之間的平衡。」

她的前兩家公司是向創投業者募集資金，但這一次她決定先自助創業，以便保持完整的決策控制權、專注於盈利能力，並且能以自己的步調行事。她說：「我正在以較緩慢的速度構築基礎來創造長青。所以我會問自己，『接下來我能做的最小一步是什麼？』」這種思維讓Rainbow Road能夠以它感覺對公司和世界帶來永續性的方式進行成長。「一步一腳印，我可以創造出真正永續的事物，所以我不畏懼踏上較遙遠的路途。」

自己做研究，釐清哪些事情真正有效，然後開始行動，不要空口說白話。

鬆手放下

我還沒踏出這一步，但我曾經考慮過。某天我可能會想拿回更多自己的時間，或是想為截然不同的人群提供完全不一樣的服務。正如我不預期有人會在Gumroad工作一輩子，我也不認為自己會如此。最終我會放下它，可能是出於自己的決定或被迫離開，不過我當然希望是前者。

你最終也必須面對同樣的決定。你可能會完全脫離你的公司，可能會退休並搬去某個海灘，感覺自己功成身退。你也可能決定加倍努力，為下一次創業募資並願意承擔更高的風險。你可能找人接替執行長一職，但仍然以董事長身分參與公司營運，或是設立非營利組織來解決你發現的下一個問題。

不過，你從這裡究竟要往哪走？

答案是，我不知道。這個問題永遠不會消失，也不會有一個能適用於所有創業家的正確解答。這是因為，你應該永遠**自私地**嘗試打造對你來說正確的事業，而且在同一時間**無私地**為某個社群內的其他人服務。此外，在你做這件事時候，你應該把自己的快樂擺在首位！

我知道這得花上你很大的功夫，但該是你詢問自己「為什麼」的時候了。

你選擇了一個社群。為什麼是這一個？你發表了一道人工作業的有價值流程，並且將它迭代成一個最小可行性產品，為什麼你用這樣的方式解決那些問題？

如果沒記錯，接下來你把那項產品賣給一百位顧客，他們很樂意付錢購買。你最先是向哪些人推銷，以及為什麼先選擇向他們推銷？

你行銷你的公司，而在公司成長期間，你自己和你的團隊一同成長。為什麼，為什麼，為什麼？

最後終於來到這個問題：為什麼我想從這裡離開？究竟為什麼我得前往別處？

想處理這些疑惑，你可以花費你新找回的時間，反思你的過去、觀察你的當下，藉此釐清你是哪種人，以及你真正想要什麼；這樣做對我有用，也會對你有幫助。接下來，你可以思考怎麼達致你真心所願，於是你就完全不必再問這些問題了。

你的目的可能是創造更多創作者，或是幫助更多人創業，也或許是搬去海灘退休然後整天衝浪。我不會假裝自己知道你想要什麼。

而我在這本書的終極目標，是給予能促成你打造事業的工具，而你的事業最終能給予你為自己做決定的選擇權和自由。現在就看你打算怎麼做了。**接下來呢？**

不管你怎麼做，讓我知道你的想法。我在網路上的聯絡方式是：sahil@hey.com

再一件事

讓我們從頭開始。計畫為何？希望你已經有了創業點子。而因為你選擇了正確的社群來服務，而且成為其中要角，所以對於開始打造你的MVP（先是人工作業的有價值流程，然後是最小可行性產品），你已經有了一套良好的進攻藍圖。你即將獲得一百位顧客，在那之後，再擔心是否要發表產品！

很快（或許你已經處於這個階段）你會開始盈利，掌握了自己的命運。在你更加理解營運公司所需的法務、運作和財務環節知識之後，你會學到怎麼維持在這個水準。

你會打造出一種文化，藉此吸引你喜歡共事且樂於為他們服務的人士。雖然不容易，不過你的公司將會成長；隨時間過去，你會開始解決新的問題。

最重要的是，你的身分認同將不再與你的公司綁在一起。你不再需要做你不想做的任何事情，或一週頂多做兩小時就足夠。提摩西．費里斯，接招吧！

當然，就算到了那個時刻，這段旅程尚未結束，永遠都不會。你無法輕鬆快速地踏上旅程，路途難免曲折，勢必會花上許多時間，或許得嘗試好幾次，但這都沒關係，因為你有整個人生來讓你想清楚。這不在於避免失敗，而是要最終獲取成功。你花越久時間贏得勝利，你就越有準備，因為你所花費的每一年都讓你越來越好。

本書我們多半是談成功公司的案例，不過每位成功創業家都經歷過多次失敗的嘗試。在我創造出Gumroad之前，我打造並發表了好幾項東西，但它們幾乎都失敗了。可是Gumroad成功了，而你只需要成功一次。

不過人類仍需要千千萬萬次成功，假使我們希望擺脫這團混亂（我們永遠會處在一團混亂）。儘管如此，我相信創業界的未來就是人類的未來，所以越多公司創立越好。而要讓更多公司創立的最好辦法，就是讓這件事變得簡單、容易取得且可以做到。

我並不是在試圖說服你。更準確地說，如果你開始營運自己的公司，我認為你就會理解了。你即將創立的事業有其必要。這種公司幾百年以來都不可或缺，在未來的幾千年也會是如此，完全不是什麼新鮮事。

如果你連想解決什麼問題都沒有頭緒，別著急。四處瞧瞧，仔細關注。人類的故事才剛剛開始，我們今日所做的任何事情，不太可能在未來也以相似的方式來做。

有一天，你的人生和工作將能達成一致。會有一個目標把你的所作所為結合在一起。會有人付錢讓你做你喜愛的事。只要你持續做自己，你的公司便會成長。

這些事情都會發生。但要讓它們成真，除非你做出最重要的一步，並且……

開始行動。

參考書目

序言

"Just had an idea for my first": Sahil Lavingia, Twitter post, April 2, 2011, 2:45 a.m., https:// twitter. com/ shl/ status/ 54072049395712000.

第一章

1 "The beginnings of all things": Cicero, De finibus bonorum et malorum, book V, chapter 58.
2 "the domain name": Peter Askew, "I Sell Onions on the Internet,"Deep South Ventures, April 2019, https:// deepsouthventures.com/ i-sell-onions-on-the-internet/.
3 In 2009, that domain name: Peter Askew, "The Dude That Built DudeRanch.com," Deep South Ventures, September 2019, https://deepsouthventures.com/ dude- that-built-duderanch-com/.
4 In 2014, Askew saw: Askew, "I Sell Onions on the Internet."
5 "[The domain] kept nudging me": Askew, "I Sell Onions on the Internet." "I'm not a farmer": Askew, "I Sell Onions on the Internet."
6 Askew and Haygood estimated: Askew, "I Sell Onions on the Internet."
7 he was having fun: Askew, "I Sell Onions on the Internet."
8 "Honestly, my customers": Askew, "I Sell Onions on the Internet."
9 "product- marketfit": Marc Andreessen, "The Pmarca Guide to Startups," Pmarchive, June 25, 2007, https:// pmarchive.com/ guide_ to_ startups_ part4.html.
10 more than $1 billion: Aileen Lee, "Welcome to the Unicorn Club:Learning from Billion-Dollar Startups," TechCrunch, November 2, 2013, https:// techcrunch.com/ 2013/ 11/ 02/ welcome-to-the-unicorn- club/.
11 According to Matt Murphy: David Baeza, "70% of Startups Fail. How Not to Become a Statistic," Medium, February 13, 2018, https:// medium.com/@davidbaeza/ 70-of-star tups-fail- how-not-to-become-a-statistic-f4820144a973.
12 The whole system is: Baeza, "70% of Startups Fail."

第二章

1 Sol and Kurtis saw: Sol Orwell, interview with Eric Siu, Leveling Up, podcast audio, June 9,

2019, https:// www.levelingup.com/ growth- everywhere-interview/sol- orwell-examine-com/.

2 In 2011, they launched: Benji Hyam, "How Examine.com Founder Sol Orwell Built a 7-Figure Business off of Reddit," Grow and Convert, April 13, 2018, https:// growandconvert.com/ marketing/ examine- sol-orwell-reddit/.

3 "100,000 plus karma": Orwell, Leveling Up.

4 a measure of how much: "What Is Karma?," Reddit Help, https://reddit.zendesk.com/ hc/ en-us/ articles/ 204511829- What-is-karma.

5 guide to supplements and nutrition: Hyam, "How Examine Founder Sol Orwell Built a 7-Figure Business off of Reddit."

6 By the end of the launch: Hyam, "How Examine Founder Sol Orwell Built a 7-Figure Business off of Reddit."

7 day-to-day operations: "About Sol Orwell and Why SJO.com," SJO .com, August 9, 2018, https:// www.sjo.com/ about.

8 the "passion economy": Li Jin, "The Passion Economy and the Future of Work," Andreessen Horowitz, October 8, 2019, https://a16z.com/ 2019/ 10/ 08/ passion- economy/.

9 "a world in which": Atelier Ventures, https:// www.atelierventures.co/.

10 "turn their passions into livelihoods": Jin, "The Passion Economy and the Future of Work."

11 the "1% Rule": Jackie Huba and Ben McConnell, Citizen Marketers:When People Are the Message (Chicago: Kaplan Publishing,2007).

12 "Work in Public": Nathan Barry, Twitter post, March 26, 2016, 10:29 a.m., https:// twitter.com/ nathanbarry/ status/ 713734553257390080.

13 "I realized I would take": Nathan Barry, "How Teaching Everything I Know Grew My Audience," ConvertKit, November 18, 2019, https://convertkit.com/ teaching- everything-know-grew-audience.

14 become a cult classic: Patrick McKenzie, "Salary Negotiation: Make More Money, Be More Valued," Kalzumeus Software, n.d., https://www.kalzumeus.com/ 2012/ 01/ 23/ salary-negotiation.

15 He now works for Stripe: Patrick McKenzie, "What Working at Stripe Has Been Like," Kalzumeus Software, October 9, 2020, https:// kalzumeus.com/ 2020/ 10/ 09/ four-years-at-stripe.

16 In 2020, Calendly posted: Lucinda Shen, "Meet the Unicorn Founder That Braved War Zones and Missed Meetings to Make His Mark on the Startup World," Fortune, November 24, 2020, https:// fortune.com/ 2020/ 11/ 19/ calendly- founder-tope-awotona-startup-unicorn.

17 "I didn't know anything": Karen Houghton, "Tope Awotona—A Founder Story," Atlanta Tech Village (blog), April 26, 2018, https://atlantatechvillage.com/ buzz/ 2018/ 04/ 26/ tope-awotona-a-founder- story.

18 both solve and monetize: Stephanie Heath, "The Founder of Calendly on Building a Unicorn Tech Company," Mogul Millennial, May 23, 2021, https:// www.mogulmillennial.com/ the-founder-of-calendly-shares/.

19 “What [great companies]”: Clayton M. Christensen, Taddy Hall, Karen Dillon, and David S Duncan, “Know Your Customers’ ‘Jobs to Be Done,’ ” Harvard Business Review, September 2016.

20 “Nearly half the milkshakes”: Clayton M. Christensen, Keynote Address, Techpoint Innovation Summit, Indianapolis, September 29, 2009.

21 One business that provides: Michael Ortiz, “Interview with TheCut App CEO on Modernizing Barbershop Experience,” Modern Treatise, March 28, 2018, https:// www.moderntreatise.com/ business / 2018/ 3/ 27/ an-interview-with-the-ceo-of-thecut-app.

22 “We went looking”: Jason Fried, “Basecamp: The Origin Story,”Medium, October 7, 2015, https:// medium.com/@jasonfried/ base camp- the-origin-story-f509fdd725f8.

23 “We decided early”: Fried, “Basecamp: The Origin Story.”

24 In a bid to solve: Erin DeJesus, “Introducing Nick Kokonas’s Ticketing System, Tock,” Eater, November 30, 2014, https:// www.eater.com/ 2014/ 11/ 30/ 7294795/ int roducing- nick-kokonass- ticketing-system-tock.

25 During the COVID-19pandemic: Christina Troitino, “Reservation Service Tock Launches To-Go Platform to Help Restaurants Impacted by Coronavirus,” Forbes, March 17, 2020, https:// www.forbes.com/ sites/ christinatroitino/ 2020/ 03/ 17/ reservation- service-tock-launches-to-go-platform-to-help-restaurants- impacted-by-coronavirus/.

第三章

1 “Make something people want”: Geoff Ralston and Michael Seibel,“YC’s Essential Startup Advice,” YC Startup Library, n.d., https://www.ycombinator.com/ library/ 4D-yc-s-essential-startup-advice.

2 “If you want to make”: Derek Sivers, Anything You Want: 40 Lessons for a New Kind of Entrepreneur (New York: Portfolio/ Penguin, 2011).

3 “Creating a product”: Naval Ravikant (navalr), “Creating a product is a process of discovery, not mere implementation. Technology is applied science. Would a scientist outsource the discovery process?,” Reddit, https:// www.reddit.com/ r/ NavalRavikant/ com ments/ dzio7t/ ask_ naval_ anything/.

4 they set up a Google Sheet: John Eremic, “Growing a SaaS App for the Film Industry with Rigorous Experimentation,” Indie Hackers, n.d., https:// www.indiehackers.com/ interview/ growing-a-saas-app- for-the-film-industry-with-rigorous-experimentation-8aa8348dae.

5 Their initial process: Eremic, “Growing a SaaS App for the Film Industry.”

6 Forms of self-employment income for developers: Daniel Vassallo,Twitter post, May 18, 2020, 1:18 a.m., https://twitter.com/dvassallo/status/ 1262251147135340544.

7 their industry impact also expanded: Jane Porter, “From Near Failure to a $1.5 Billion Sale: The Epic Story of Lynda.com,” Fast Company, April 27, 2015, https:// www.fastcompany.com/ 3045404/ from- near-failure-to-a-15-billion-sale-the-epic-story-of-lyndacom.

8 Noxgear manufactures: Elizabeth Kyle, "Dayton Startup Profile: High Visibility Vest Makes International Impact," Dayton Business Journal, November 5, 2019, https:// www.bizjournals. com/ dayton/ news/ 2019/ 11/ 05/ dayton- startup-profile-high-visibility-vest- makes.html.

9 The idea of building: Peter Fritz, interview with Justin Mitchell, Office Anywhere, podcast audio, April 13, 2020, https:// peterfritz.co/ voice- messaging-beats-slack-zoom-yac-justin-mitchell.

10 "Want to find a good": Adam Wathan, Twitter post, May 14, 2020, 8:38 a.m., https:// twitter. com/ adamwathan/ status/ 1260912251566985223.

11 "quantum of utility": John Gruber, "A Quantum of Utility," Daring Fireball (blog), n.d., https:// daringfireball.net/ linked/ 2009/ 04/ 02/ utility- paul-graham.

12 "Over Thanksgiving break": Lenny Rachitsky, "How the Biggest Consumer Apps Got Their First 1,000 Users—Issue25," Lenny's Newsletter, May 12, 2020, https:// www.lennyrachitsky.com/ p/ how- the-biggest-consumer-apps-got.

第四章

1 "people will jump": Dan Ariely, Predictably Irrational: The HiddenForces That Shape Our Addictions (New York: HarperCollins, 2008),Kindle ed.

2 This model, popularized by: "The Freemium Business Model," AVC, https:// avc.com/ 2006/ 03/ the_ freemium_ bu/.

3 "Millions of people": "Bring Your Creative Project to Life," Kickstarter. com, https://www. kickstarter.com/ learn.

4 products geared toward personal development: "About Please-Notes," PleaseNotes.com, https:// pleasenotes.com/ pages/ about.

5 a PleaseNotes journal: Ande Lyons, interview with Cheryl Sutherland, Startup Life with Ande Lyons, podcast audio, February 15, 2018, https:// andelyons.com/ use- creativity-clear-vision-confidence- rapid-results/.

6 She eventually raised: "PleaseNotes— Find Your Passion and Live It!," Kickstarter.com, December 18, 2019, https:// www.kickstarter .com/ projects/ pleasenotes/ pleasenotes- find-your-passion-and- live-it.

7 Richest Self-Made Women: Kerry A Dolan, Chase Peterson-Withorn, and Jennifer Wang, eds., "America's Richest Self-Made Women 2020," Forbes, October 13, 2020, https:// www.forbes. com/ self- made-women/.

8 started out with cold calls: Megan DiTrolio, "Stitch Fix's Katrina Lake Dishes Out Savvy Business Advice," Marie Claire, May 14, 2020, https:// www.marieclaire.com/ career- advice/ a32376163/ stitch- fix-katrina-lake-business-advice/.

9 "The more shameless": Sarah Spellings, "How I Get It Done: Stitch Fix CEO Katrina Lake," The Cut, December 30, 2019, https:// www.thecut.com/ 2019/ 12/ how-i-get-it-done-stitch-fix-ceo-katrina-lake.html.

10 they found that working: "Our Story," Mailchimp, https:// mail chimp.com/ about/.
11 Chestnut and Kurzius have: Jake Chessum, "Want Proof That Patience Pays Off? Ask the Founders of This 17-Year-Old $525 Million Email Empire," Inc., December 11, 2017, https:// www.inc.com/ magazine/ 201802/ mailchimp- company-of-the-year-2017.html.
12 she decided to make one herself: Jaime Schmidt, Supermaker: Crafting Business on Your Own Terms (San Francisco: Chronicle Prism, 2020), 24.
13 She experimented for months: Schmidt, Supermaker, 38.
14 She set up a simple website: Schmidt, Supermaker, 38.
15 she found a rhythm: Schmidt, Supermaker, 41–43.
16 many times, they returned: Schmidt, Supermaker, 53.
17 "Early customer feedback": Schmidt, Supermaker, 57.

第五章

1 "Marketing is really": Peter Economy, "11 Michael Hyatt Quotes to Inspire You to Happiness and Success," Inc., February 11, 2016, https:// www. inc.com/ peter - economy/11-michael-hyatt- quotes-to-inspire-you-to-happiness-and-success.html#:~:text=%
2 Marketing% 20is% 20really% 20just% 20about,others% 20something% 20you% 20care% 20about.
3 launched its first podcast: Ari Levy, " 'Startup' Podcast Offers a Rare Fly-on-Wall View of Tech M& A After Gimlet's $200 Million Sale to Spotify," CNBC, October 22, 2019, cnbc.com/ 2019/ 10/ 22/ startup- podcast-offers-inside-view-of-tech-ma-after-sale-to-spotify.html.
4 If content is king: Bill Gates, "Content is King," Bill Gates' Web Site, January 3, 1996, http:// web.archive.org/ web/ 20010126005200/ http:/ www.microsoft.com/ billgates/ columns/ 1996essay/ essay960103.asp.
5 "Entrepreneurship: work 60 hours a week": Sahil Lavingia, Twitter post, February 10, 2021, 8:08 p.m., https:// twitter.com/ shl/ status/ 1359670684675239936.
6 The COVID-19 pandemic accelerated: Ali Mogharabi, "Digital Ad Spending Poised for Exceptional Growth," Morningstar, December11, 2020, https:// www.morningstar.com/ articles/ 1014195/ digital-ad-spending-poised-for-exceptional-growth.

第六章

1 "Life is like riding a bicycle": Albert Einstein, letter to his son Eduard (February 5, 1930), quoted in Walter Isaacson, Einstein: His Life and Universe (New York: Simon & Schuster, 2007), 367.
2 "default alive or default dead": Paul Graham, "Default Alive or Default Dead?," PaulGraham. com, October 2015, http:// www.paulgraham.com/ aord.html.
3 "digital by default": Tobi Lutke, Twitter post, May 21, 2020, 10:55a.m., https:// twitter.com/

tobi/ status/ 1263483496087064579.
4 even giants like: Jack Kelly, "Here Are the Companies Leading the Work-from-Home Revolution," Forbes, May 26, 2020, https:// www.forbes.com/ sites/ jackkelly/ 2020/ 05/ 24/ the- work-from-home- revolution-is-quickly-gaining-momentum/.
5 "very excited to see": Sam Altman, Twitter post, May 21, 2020, 1:56 p.m., https:// twitter.com/ sama/ status/ 1263529191581954049.
6 "I thought we were just": Charlie Keegan, "Stitching Life into Hamilton,"41 Action News, KSHB-TV, Kansas City, MO, June 14, 2019.
7 "A Kids Book About did": Megan Rose Dickey, "The Journey of a Kids Book Startup That Tackles Topics like Racism, Cancer and Divorce," TechCrunch, August 18, 2020, https:// techcrunch.com/ 2020/ 08/ 18/ the- journey-of-a-kids-book-startup-that-tackles- topics-like-racism-cancer-and-divorce/.
8 one founder departs the company: Steli Efti, "The Secret to Successful and Lasting Co-Founder Relationships," The Close Sales Blog, December 23, 2020, https:// blog.close.com/ the- secret -to-successful-and-lasting-co-founder-relationships/.
9 four types of communication styles: Ellie Lisitsa, "The Four Horsemen: Criticism, Contempt, Defensiveness, & Stonewalling,"The Gottman Relationship Blog, April 23, 2013, https:// gottman.com/ blog/ the- four-horsemen-recognizing-criticism-contempt-defensiveness- and-stonewalling/.

第七章

1 "You can dream": Jeff James, "Leadership Lessons from Walt Disney—How to Inspire Your Team," Disney Institute Blog, https://www.disneyinstitute.com/ blog/ leadership- lessons-from-walt- disney--how-to/.
2 "What's the one thing": Gary Keller and Jay Papasan, The One Thing: The Surprisingly Simple Truth Behind Extraordinary Results (London: John Murray, 2019).
3 "celebrate every opportunity to learn": Wildbit.com, https:// wildbit.com/ story/ philosophy.
4 WeWork is one example: Charles Duhigg, "How Venture Capitalists Are Deforming Capitalism," New Yorker, November 23, 2020,https:// www.newyorker.com/ magazine/ 2020/ 11/ 30/ how- venture- capitalists-are-deforming-capitalism.
5 "the tendency in most": Laurence J. Peter and Raymond Hull, The Peter Principle: Why Things Always Go Wrong (New York: Bantam,1970).
6 "$115k–$135k/ year": Adam Wathan, Twitter post, May 24, 2020,3:32 p.m., https:// twitter.com/ adamwathan/ status/ 1264640396640096264.

第八章

1 "We are born to wander": Robert Moor, On Trails: An Exploration (New York: Simon &

Schuster, 2017).
2 "A healthy man wants": "Confucius," http:// web- profile.net/ articles/ quotes/ confucius.
3 "dizziness of freedom": Søren Kierkegaard, The Concept of Anxiety:A Simple Psychologically Oriented Deliberation in View of the Dogmatic Problem of Hereditary Sin, translated by Alastair Hannay (New York: Liveright Publishing Corporation, 2015 [originally published 1844]).
4 "time billionaire": Tim Ferriss, interview with Graham Duncan, The Tim Ferriss Show, March 1, 2019, https:// tim.blog/ 2019/ 03/ 01/ the- tim-ferriss-show-transcripts-graham-duncan-362/.
5 "Occasionally I angel invest in": Sahil Lavingia, Twitter post, June 1, 2020, 11:00 a.m., https:// twitter.com/ shl/ status/ 1267471126571057158.
6 In 2019, Shopify: "We Need to Talk About Carbon," Shopify, September 12, 2019, https:// news.shopify.com/ we-need-to-talk-about- carbon.
7 By 2030, Google: 24/ 7 by 2030: Realizing a Carbon-Free Future, Google white paper, September 2020, available at www.gstatic.com/ gumdrop/ sustainability/ 247- carbon-free-energy.pdf.

國家圖書館出版品預行編目資料

極簡創業家：找出新創極簡之道 / 薩希爾.拉文賈
(Sahil Lavingia) 作；李皓歆譯. -- 初版. -- 臺北市：
行人文化實驗室, 行人股份有限公司, 2023.03
224面；14.8 x 21 公分
譯自：The minimalist entrepreneur : how great
founders do more with less.
ISBN 978-626-96497-3-0（平裝）

1. 創業

494 111021572

極簡創業家

找出新創極簡之道

The Minimalist Entrepreneur: How Great Founders Do More with Less

作者：薩希爾・拉文賈（Sahil Lavingia）
譯者：李皓歆

總編輯：周易正
特約編輯：林芳如
編輯協力：鄭湘榆、林佩儀

封面設計：丸同連合
內頁排版：宸遠彩藝
印刷：釉川印刷

出版者：行人文化實驗室／行人股份有限公司
發行人：廖美立
地址：10074臺北市中正區南昌路一段49號2樓
電話：+886-2-3765-2655

總經銷：大和書報圖書股份有限公司
電話：+886-2-8990-2588

定價：300元
ISBN：978-626-96497-3-0
2023年3月初版一刷